豐富你的烹飪器具

萬用鍋具選用法

主婦の友社 編

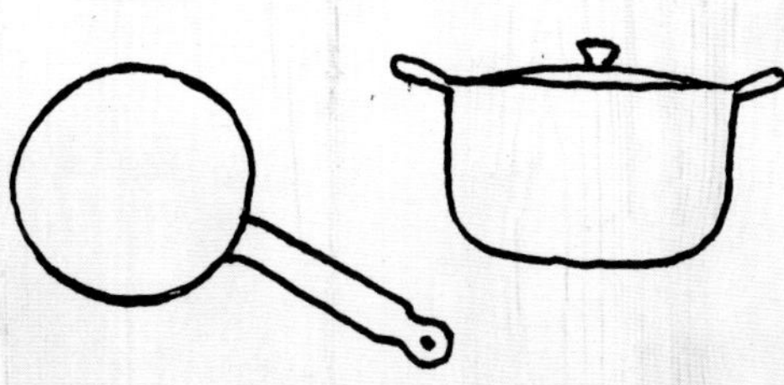

目錄

可直火加熱的鍋具

手握器具

作業容器及保存容器

烹調時使用的砧板及抹布

前置作業器具

清潔器具

※採訪取得的工具店評論，刊載於各頁面。
店家代號如下：

釜＝釜淺商店　K＝Kitchen World TDI　木＝日本橋木屋
Z＝ZAKKA WORKS　D＝Dr.Goods　平＝平底鍋俱樂部

各店簡介請參閱P.156～157。至於評論部分，是經由日本主婦の友社編輯部門整合後刊出。

※工具的照片下方，有註記商品名稱及製造者（品牌名稱）。未註記者為主婦の友社編輯部門的個人物品，或當成一般工具做介紹。

※未記載製造商名稱的是個人作品，或是無特定製造商。

※即使是相同材質的商品，也會因材質加工及厚度等，清潔保養的方式不盡相同，詳情請參閱各商品説明書。

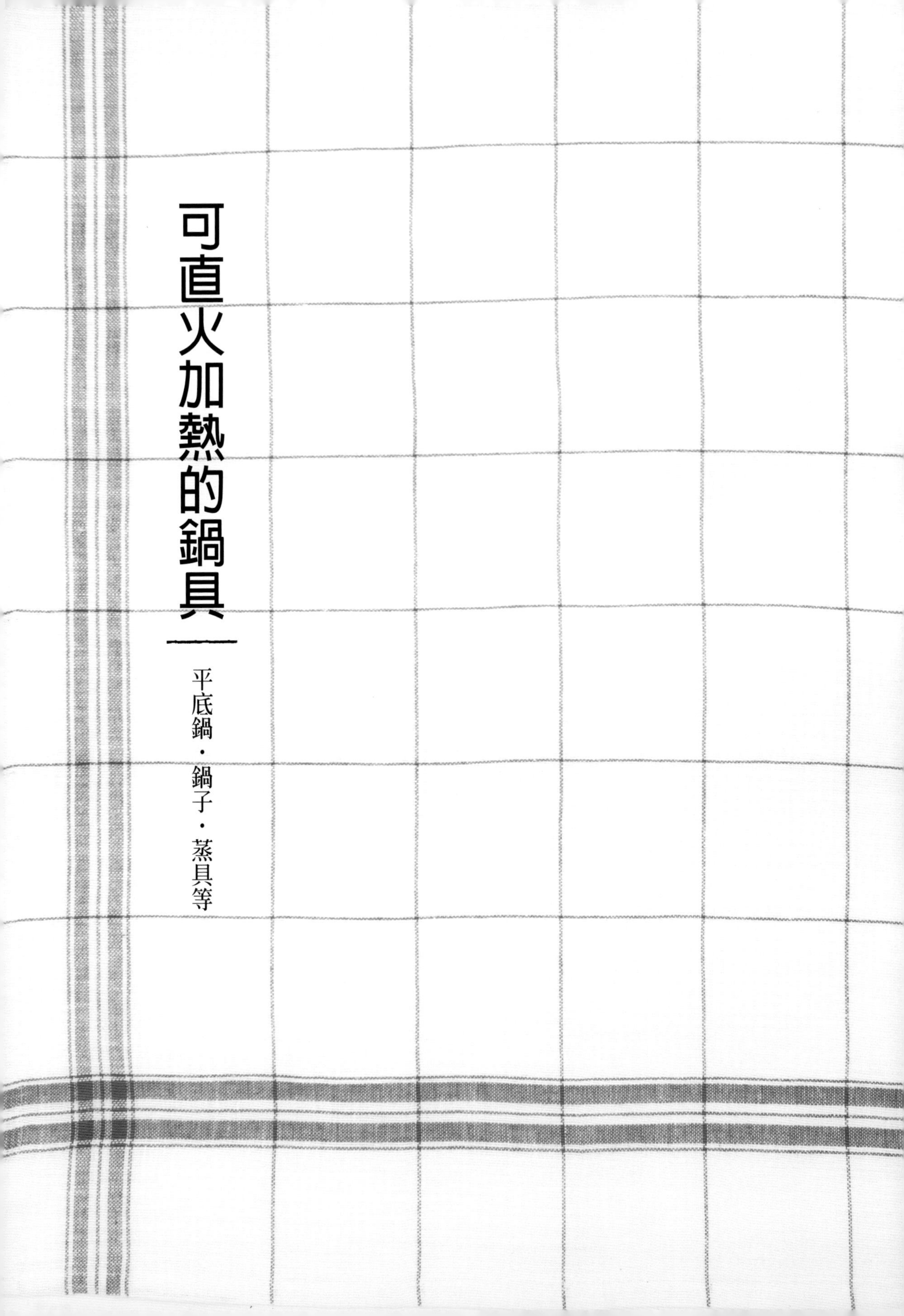

可直火加熱的鍋具

平底鍋・鍋子・蒸具等

平底鍋

平底鍋是消耗品還是一輩子的耐用品？

日常使用的平底鍋雖然被歸類為鍋具的一種，但鍋身比一般通稱的鍋子淺，直徑也比較寬。

英語將淺鍋稱作pan，在前面加上意指油炸或油煎的fry一字，就是平底煎鍋（以下簡稱平底鍋）。順道一提，pot是指深鍋或湯鍋。

平底鍋的基本烹調方式是「烤」、「煎」，但如英文字義所示，也可用來「油炸」，加上鍋蓋後「蒸」也沒問題。稱得上是可滿足不同需求的多功能烹調器具。

儘管平底鍋久用會產生損耗，但也總是讓人愛不釋手，而且有些材質可以用上一輩子，甚至還能傳承給下一代。與生活器具的相遇也算是一種緣分。珍惜著用，可以陪伴自己長長久久。

重點

材質

平底鍋主要用來煎烤。不同於炊煮用的鍋子，因應不加水的高溫烹調方式，材質必須要很堅固。

鐵鍋

- 耐高溫及碰撞的材質
- 食材可直接受熱
- 不挑鍋鏟等，任何鍋鏟都方便使用
- 親油性佳
- 不妥善保養會生鏽

不沾鍋（防沾黏塗層）

- 經過防沾黏處理，可輕鬆養鍋
- 油少也不易沾黏
- 不易變質，如生鏽等
- 慎選鍋鏟等配件，以免損壞加工塗層
- 高溫可能會溶出加工劑

鋁鍋

- 重量輕
- 導熱佳，不浪費火力
- 不生鏽，養鍋輕鬆
- 燒焦部分經刷洗就能清除
- 如果連鍋底都是鋁製，就不適用ＩＨ調理爐

尺寸

依家中人口與用途決定平底鍋的大小。盡量配合烹調的量來使用適合鍋具，是最理想的。

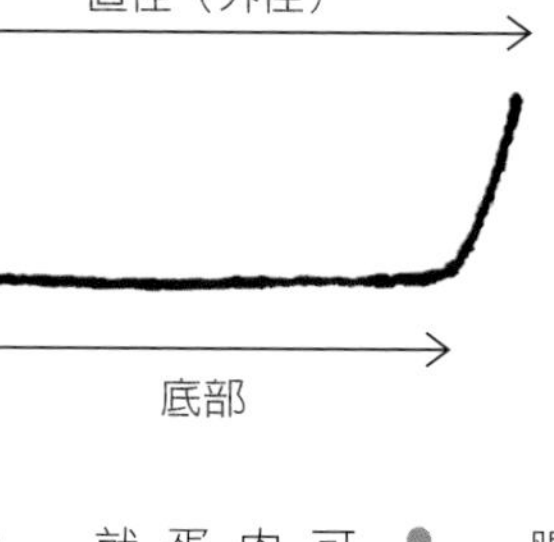

- 直徑16～18cm
  可煎1人份的蛋、香腸，或是美式鬆餅。
- 直徑20～22cm
  可1次煎兩片漢堡肉、做1～2人份的蛋包飯等。用來炒菜就略小了點。
- 直徑24～26cm
  26cm的大小適合3～4人份的量。炒2人份的菜也不成問題。
- 直徑28～30cm
  算是大尺寸，如果材質不輕，使用起來會很辛苦。而且30cm以上的平底鍋也不太好放在瓦斯爐上。

造型

MEYER Japan
STAR CHEF平底鍋

深底

食材不易濺出，適合炒飯或炒青菜等。

柳宗理
鑄鋁平底鍋

淺底

便於將食物倒出來的款式。適合煎漢堡肉及魚等希望保持形狀完整的料理。

Piver Light
極系列平底鍋

圓弧形鍋底

無邊角，容易清理。如果深度夠，還可用來油炸。

LODGE
Skillet鑄鐵平底鍋

邊角狀鍋底

鍋底面積較大，方便用來煎餃子等需要平鋪的料理。

厚度

厚度很容易成為選購上的盲點。即使材質相同但厚度相異，烹調成果也會有所差別。越厚的鍋自然就越重，因此厚薄應符合自己的需求。

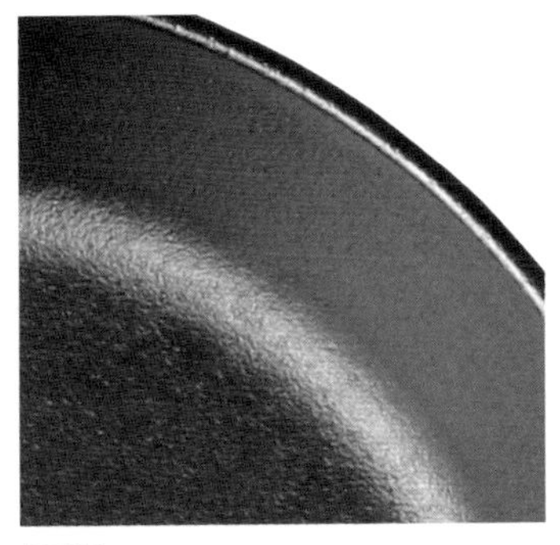

厚鍋

整體受熱平均，放入食材也不易引起溫度變化。在加熱均勻的狀態下，能做出美味好吃的料理。只是稍重。

薄鍋

開火後鍋子很快就熱了，可馬上烹調。但因熱度集中於熱源，容易加熱不均，使食物易燒焦。

深入掌握各款鍋子的特性後再做選擇

今日常見附有握柄的平底鍋，是在古羅馬時代問世，於明治期間傳入日本。

此後便不斷發展出各種材質、形狀、尺寸、價格及功能的平底鍋，優劣互見，多不勝數。建議購買前先列出需求，並設定優先順序後再下手。

Turk
經典平底鍋

「炒」交給材質輕的平底鍋，至於「煎」，還是推薦使用鐵鍋。即使是簡單的土司，也能煎得外層酥脆、內層鬆軟，請務必挑戰看看。 Z

店內也販售不少國外知名品牌的平底鍋，但開始覺得made in Japan的製品也不錯。這就是所謂的回歸原點吧？覺得還是日本商品做得比較實在。 D

WMF
CeraDur平底鍋

釜淺商店×山田工業所
釜淺手工製平底鍋

愛好烹飪的人會來這裡尋找專業級的平底鍋。還有，上年紀的夫婦大多會在平底鍋賣場前，展開以下的對話。先生問：「如果要買，非鐵鍋不可吧？」太太回答：「太重了，會很辛苦！」 釜

平底鍋並非越大越好，不適合「大兼小用」。一個人生活可以準備18cm及24～26cm兩種尺寸的平底鍋，兩人的話就改成20cm及26～28cm。 K

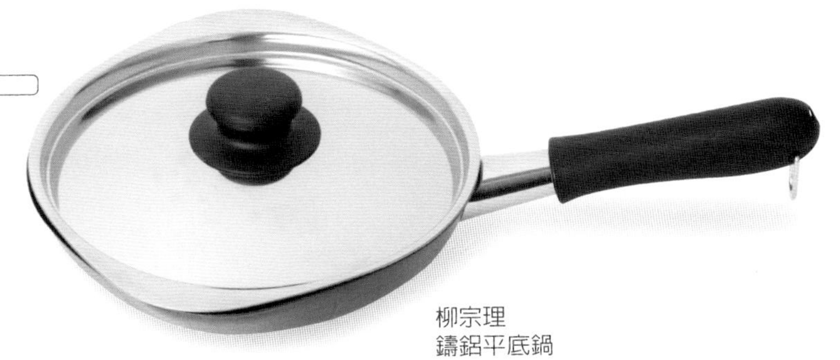

柳宗理
鑄鋁平底鍋

中尾鋁製所（Nakao-Alumi）
鋁製平底鍋

鐵製平底鍋

新鍋使用前

使用新買的平底鍋前，必須先進行開鍋或養鍋作業，包括去除防鏽膜的「空燒」，及預防生鏽的「過油潤鍋」。程序依商品而異，購買前先確認清楚。

不需空燒的款式

有些家庭無法以直火空燒鍋子。如果家中使用ＩＨ調理爐，可挑選不需空燒的鍋子。

需要空燒的款式

撕下貼在鍋上的標籤，以大火空燒整個鍋子，直到變成像金龜子的藍綠色為止。自己做好開鍋或養鍋的工序，自然會產生寵愛的心情。

過油潤鍋（以Turk公司的平底鍋為例）

不需空燒的鍋型，在使用前仍需過油潤鍋。至於已經空燒過的鍋子，可直接跳至步驟②（方法依商品有異）。

① **去汙**

使用清潔劑與棕刷刷洗整個鍋子，再用清水沖乾淨。

② **過油**

鍋中倒入約1cm高的油，再放進菜屑及適量的鹽，以小火加熱約10分鐘。

③ **擦乾水氣**

熄火，取出菜屑及鹽，以溫水清洗後擦乾水氣，就完成潤鍋作業。

煎出誘人色澤

「試過各式各樣的材質後，覺得平底鍋還是鐵製的最好用。」得出這樣結論的使用者不在少數。

理由包括可以煎出美味的顏色、耐用、可攝取到鐵分等等。擁鐵派表示，牛排、漢堡肉及煎餃上的色澤，堪稱絕品！儘管有較重，且疏於保養會生鏽等缺點，但持續使用，當鍋子形成良好的親油性後，便能從中感受它的好處。試試看吧。

熟用平底鐵鍋

平底鐵鍋可說是越用越有魅力。當表面形成油膜，就不會沾黏燒焦。要將鬆餅表面煎成金黃色，非鐵鍋莫屬。帶有厚度的部分，因均勻受熱而變得又鬆又軟。確實預熱後，接著只需以小火或中火烹調，這也是鐵鍋不可思議的力量。 Z

程序（過油）

預熱前先返油，對平底鐵鍋來說是很重要的。首先，將整個鍋子燒熱。

倒入多於實際用量的油，讓鍋子全部覆蓋上一層油。

3

將多餘的油倒入油罐（照片左），完成過油作業。

油罐

用來保存用過一次的油，建議挑選有密封蓋的款式。

油罐
不鏽鋼製

不沾鍋

鐵鍋

鐵與油

比對兩張照片，很快就能分辨哪一個是鐵製，哪一個是樹脂加工。表面光滑不沾附的當然就是樹脂加工。汙垢容易清潔，保養也簡單。但是不會吸油（照片左）。至於鐵鍋，油會慢慢滲透進去（照片右），使食材能夠均勻受熱。以植物油潤好鍋，就可品嘗顏色看起來美味可口的料理，真的很不錯。 F

清洗方式

① 使用後趁尚有餘溫時以棕刷清洗。不介意的話，可以不用清潔劑。

② 清洗後立刻以廚房紙巾擦乾水分，再加熱確實燒乾水氣。

③ 最後在表面抹上薄薄一層油，預防生鏽。
☆因商品而異，有的不需抹油保養。

棕刷最適合用來刷洗平底鍋。樣式不拘，只要挑順手好用的即可。

平底鐵鍋的重點整理

火候

預熱：中火～大火
烹調：中火

合用的周邊器具

不需特別挑選

清潔保養

工具：棕刷或竹刷等
清潔劑：不需要
注意事項：使用後趁還有餘溫時清洗，並確實去除水氣

是否適用IH調理爐

適用，但要確認好鍋底的尺寸

生鏽的鐵鍋可以復原使用

先加熱燒去汙垢及焦黑部分→待鍋子冷卻後，以去汙劑及棕刷刷去焦黑部分→洗後瀝乾，以砂紙磨去鏽→空燒→過油潤鍋（倒入約1/3高的油，小火加熱約5分鐘後，將油倒回油罐，以廚房紙巾整個抹過一遍，讓鍋子吃進油）→修復完成。

鍛打

手工鍛打雖然多半是供專家使用，為提升好用度，釜淺商店也與山田工業所合作開發手工製品。在握把的形狀上下了很多功夫，也有未塗上防鏽膜而必須空燒的款式。釜

Turk
經典平底鍋

釜淺商店×山田工業所
釜淺手工鍛打平底鐵鍋

由德國工匠嚴格遵循傳統古法手工鍛製。錘打後的凹凸紋路很有味道，給人一種溫暖感受。很想對它說：「我會好好珍惜你，請你永遠待在我身邊。」Z

鍛打延展讓鐵變得更堅韌

目前大量生產的平底鍋是將鐵板沖壓加工成型，另一種是由職人（匠師）反覆用鐵鎚敲打成型，稱為「鍛打」法。

鐵經過不斷錘打、鍛造後會變得更堅韌。敲打延展的平底鍋，薄卻有強度，有強度但又輕。

由於鐵中所含的空氣都被錘打出來，所以不易生鏽，表面的微妙凹凸，也因為別具風味而成為一項特色。

鑄鐵

黝黑油亮是時常使用的證據，不自覺想向人炫耀

一般將純鐵、鑄鐵及鋼統稱為鐵，其中鑄鐵為鐵碳合金，含碳量在2.7%以上。鑄鐵也稱為鑄物，是將熔化的鑄鐵倒入砂型或金型模具中成型。和沖壓加工及手工鍛打的作法不同。

鑄鐵鍋的特徵是不易加熱但也不易冷卻、使用前不需空燒、容易掌握火候、親油性越用越好且黝黑油亮，看起來很有味道。

店裡最有人氣的是單柄的橢圓淺鍋，屬於鑄造的南部鐵器（譯注：指日本岩手縣手工打造的生鐵器）**，適合烹調焗烤、蒜香風味小菜等可隨時遞上桌的下酒菜。可放入烤箱中烘烤，直接端至餐桌食用。** Ⓚ

LODGE
skillet鑄鐵平底鍋

岩鑄
omellets平底鍋

及源
橢圓鍋

「在廚房內，鍋具的用途涇渭分明」

柴田強（廚師）

吉祥寺Galopin餐廳主廚。負責以法式為主的歐洲料理。

因經常放入烤箱中，鋁鍋不但被烤軟，連鍋底也變形了。

「煎肉用平底鍋，烹調義大利麵用鋁鍋，各有用途。」柴田主廚這麼表示。

以高溫充分呈現焦香風味的肉類料理，適合鐵製平底鍋。而適合製作醬汁、讓醬汁順利裹上義大利麵的是鋁製平底鍋。鋁鍋的導熱不如鐵鍋，但餐廳廚房的爐灶火力特別強，使用厚鋁鍋，可以讓食材慢慢受熱，所以適合用來烹調不需高溫的多水分料理。

「廚房裡只有24cm及26cm兩種尺寸的鋁鍋。」面對5～6人份的量，柴田主廚會分兩次來料理。過大的平底鍋，容易導致食物的味道及軟硬度不一致。不論是鐵製平底鍋或鋁製平底鍋，專業人士都是使用鍋把為金屬材質的鍋具。

理由在於方便少量油煎後，可直接放入烤箱中烘烤。「比起清理時要小心，以免破壞表面油膜的鐵鍋，鋁鍋的保養要省事多了。」鋁鍋也不像鐵鍋一樣會產生異味，兩種鍋各有各的優缺點，重點在於如何配合食材，烹調出料理本身的美味。

鋁製平底鍋

火候

預熱：中火

烹調：小火～中火

合用的周邊器具

不需特別挑選，只要不刮傷鍋面就沒問題

清潔保養

工具：海綿刷、棕刷等

清潔劑：廚房清潔劑

注意事項：不想有刮痕就不要太用力；
若不介意，用力刷也無妨

是否適用IH調理爐

基本上不適用

中尾鋁製所的鋁製平底鍋

清洗方式

無塗層，用力刷洗也沒關係。若不想留下刮痕，就使用海綿刷＋清潔劑來清洗。鍋底也會髒掉，別忘了一併清理。

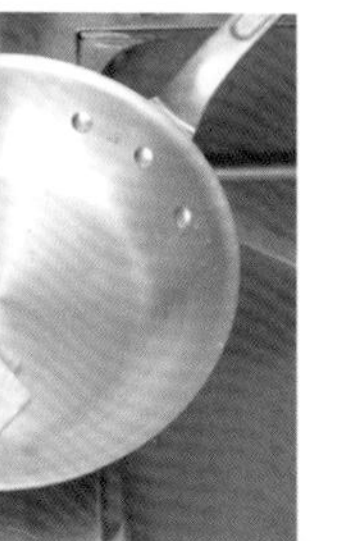

握鍋把時要小心

不只是鋁製平底鍋，其他與鍋身一體成型的鍋子，在握住鍋把時，一定要墊塊布或使用鍋把隔熱套。

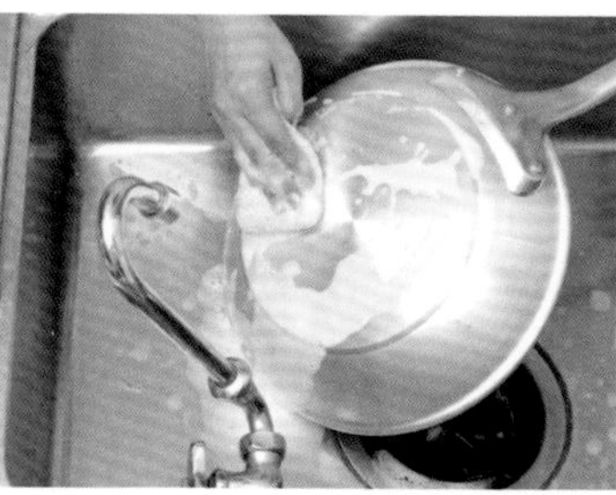

擦乾水分

雖然是不易生鏽的材質，但嚴禁鍋中殘留自來水。養成將水分完全擦乾的習慣。

用銀色平底鋁鍋做義大利麵

常見到義式餐廳的牆壁上垂掛著鋁製平底鍋，那是烹調義大利麵的必備器具。因為透過鋁鍋的明亮銀色可以襯出內容物的色彩濃淡，最適合檢視確認義大利麵醬汁的狀態。

因為很輕，女性也能邊拿起鍋子搖晃邊料理。清洗之後往廚房一掛就收好了，三兩下就能完成一道義大利麵，在彷彿化身義式廚師的氛圍下，料理技巧也跟著提升。

不妨重新檢視一下鋁製平底鍋的用途。只要正確用油，也能煎出鬆軟可口的蛋卷（omelette）。輕巧好清理，又耐用。只是握柄一下子就變得燙手，必須使用鍋把隔熱套。 F

防沾黏加工的平底鍋

火候

預熱：中火

烹調：小火～中火

合用的周邊器具

木鏟、矽膠鏟或烹調用長木筷等軟材質的產品

清潔保養

工具：柔軟的海綿刷

清潔劑：廚房清潔劑

注意事項：輕柔清洗

是否適用IH調理爐

適用的商品居多

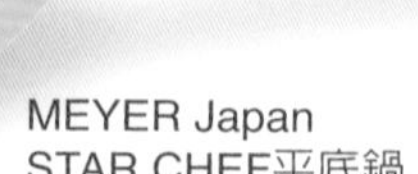

MEYER Japan
STAR CHEF平底鍋

Greenpan
舊金山系列平底鍋

塗層系列不可高溫烹調，需留意溫度變化

氟素樹脂為含碳氟聚合物的合成樹脂的總稱，具有「耐熱」、「耐燒」、「不沾黏」及「低摩擦」等特性。陶瓷不沾塗層，同樣有「耐蝕」、「耐熱」及「耐摩耗」等優點，且抗酸抗鹼，是與陶瓷器同系列的無機質材質。

上述兩種鍋的烹調溫度，上限為180℃，乾燒及高溫烹調會導致塗層劣化，嚴禁以金屬刷或去汙劑用力刷洗。

注意火候控制

表面加工會使火候控制變遲鈍。若適度預熱，可用中小火烹調。

清洗方式

為了不傷及表面加工，即使燒焦也不要用力刷洗。先用水浸泡一下，再用海綿刷及清潔劑清洗。

講求方便可使用塗層系列

氟素樹脂塗層的平底鍋，於1965年在日本問世。憑藉著不沾黏、不生鏽，加上好清理等的便利性，迅速在一般家庭間普及開來。

現在又陸續出現所謂特殊材質加工、多層次大理石塗層、超級加工以及鉑加工等名稱，究竟該選哪一種，實在教人迷惑。

近年，新式防沾黏加工的陶瓷不沾鍋，也深受矚目。

塗層終究還是會剝落。有的製造商會提供再加工的服務。找到服務完善的店家，也是延長器具壽命的祕訣之一。 D

煎烤訣竅

最重要的是「適度預熱」。大致上以油的表面出現搖曳狀態為標準，等到冒煙就表示過度預熱。一旦超過煎烤適溫的１８０℃上限後再放入食材，就會燒焦。

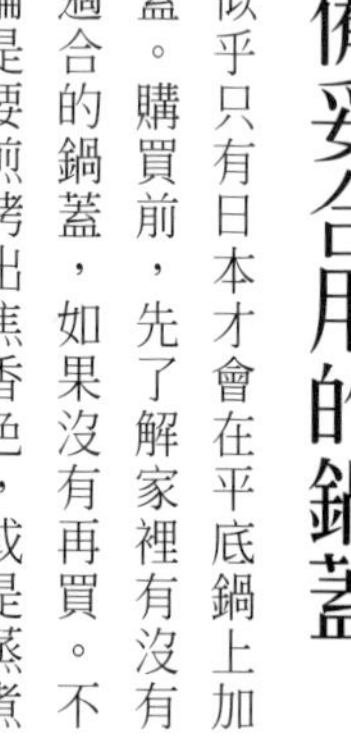

備妥合用的鍋蓋

似乎只有日本才會在平底鍋上加蓋。購買前，先了解家裡有沒有適合的鍋蓋，如果沒有再買。不論是要煎烤出焦香色，或是蒸煮料理，一只平底鍋就能搞定。

油炸訣竅

手邊有適當深度的平底鍋，可以拿來炸東西。若油無法覆蓋全部食材，就邊翻面邊炸。如果想少油油炸，那就奢侈一點使用橄欖油。

平底鍋的Q&A

Q 平底鍋需要留意什麼樣的失誤？

A 最常見的失誤是空燒，尤其是不沾塗層的平底鍋，會無法再修復。

Q 受歡迎的平底鍋有哪些？

A 男性偏好鐵製平底鍋等，特別是「看起很帥或很酷」的款式。而輕巧、耐用及價格平實的平底鍋，在女性間較受歡迎。

Q 有所謂的替換時機嗎？

A 當加工部分磨損就是替換的時候。未進行加工塗層的鐵鍋，越用越順手，可使用數十年。其他如家中人口增加，或開始一個人生活等生活型態改變時，最好也重新檢視一下手邊的鍋具。

Q 鐵鍋不好用嗎？

A 雖然是耐用的鍋具，但沒信心做好日常清潔保養的人，不建議使用。例如將食物留在鍋中不管，或是到隔天才清洗等，都不適合。請考量自己的生活方式再做決定。

Q 潤鍋後的油會氧化嗎？

A 鐵鍋不能欠缺的就是油。以足量的油加熱，讓鍋子吸儲油分是重要的保養作業。將潤鍋後的油保留下來，可以再用，但別忘了它們會逐漸氧化。請保存在密封容器，或選擇不易受熱氧化的油。

Q 以大的平底鍋料理一人份食物是否太浪費了？

A 用大平底鍋烹調少量的食物，不僅浪費火力，器具本身也會受損。未沾附食材的鍋面就等於是在空燒。當只想煎一人份的魚時，可以在旁邊加些蔬菜一起料理。或是買一只較小的平底鍋。

煎・烤魚器具

選定器具後試著多練習幾次

要怎麼在家煎、烤魚呢？如果不使用搭配一般瓦斯爐的烤魚用烤架，其他還有烤網、烤盤及平底鍋等器具可供選擇。

不同器具，有不同的火候與煎烤法，最後的成果也不一樣。與其每種工具都試，不如選定一種，然後反覆練習，從多方嘗試經驗中找到理想的烤魚方式。

1 烤盤

原本是烤肉用的器具，溝槽可承接多餘的油脂，且可以在表面烤出條狀焦色紋路。先塗抹薄薄一層油後再將魚鋪上。

1 烤盤烤魚狀態

即使有抹油，魚皮多少還是會剝落，要留意。會沿著烤盤的凹凸烤出焦色紋路。

2 平底鍋

平底鍋也可以用來煎魚。使用鐵製的平底鍋，過油後再將魚鋪上。

2 平底鍋煎魚狀態

未充分吃進油的平底鍋，煎時魚皮易剝落。由於油脂仍留在鍋中，整條魚都會呈現焦黃色。

3 烤魚器

推薦的原因在於魚的油脂不會掉進火中的設計。在網上抹油後將魚鋪上。

3 烤魚器烤魚狀態

魚皮幾乎不會沾黏在網上，也很好翻面。能夠將魚肉烤得鬆軟。

扇子的用處

以炭火烤蒲燒鰻或雞肉串時，扇子一定會派上用場。雖然是簡單的工具，但使用得當，可以發揮以下三項功能：①生火②搧去落下的油脂上的火焰③搧走烤物上的炭灰。

鍋子

針對用途挑選材質與尺寸

鍋子源自於繩文時代的煮沸用土器。有深度，以火加熱煮熟食材，基本的烹調方式為「燉」及「煮」。

鎌倉至室町時代使用的是鐵鍋，江戶時代鑄鐵鍋問世，到了明治時代，市面充斥鐵鍋、馬口鐵、琺瑯及雪平鍋（薄鋁鍋），加上歐美進口的鍋子，種類琳琅滿目。

此外，日本的家庭料理並不限於精緻的和食，還有西式、中式等異國料理，加上魚、肉及蔬菜等各種食材，鍋子的種類也隨之越來越多。近年來隨著桌上型電磁爐及卡式瓦斯爐的普及，火鍋用的鍋子也變得很受歡迎。

配合不同用途挑選適合的鍋子，然後充分活用它們的特性。

「廚房中的高效率鍋具。你知道雪平鍋的實力嗎？」

明峯牧夫（廚師）

2002年在西荻窪的住宅區開設日式餐廳「たべごと屋 のらぼう」，奉行活用食材原味的簡單烹調。

「即使是一般家庭，我也強烈推薦這款鍋子。」在廚師明峯先生的廚房內，不同尺寸的雪平鍋一應俱全。據說在店內的廚房，大部分的料理都能用5～8寸的雪平鍋完成。

即使是家常料理，只要記得配合平時的料理量，使用大小合宜的雪平鍋，同樣能成為料理達人。5寸是2人份的味噌湯、6寸是4人鍋、7寸是燉、8寸是煮。

雪平鍋有的有附木頭柄，有的無柄要使用鉗子，兩種都可以疊起收放。在狹小的廚房及洗滌處，器具能夠疊放顯得格外方便。

「雪平鍋可以很快將水煮沸。」雪平鍋是鋁製，經錘打表面製成。以前是由職人手工打造。家用雪平鍋多半是以模具壓製。

你知道雪平鍋表面的凹凸具有一定功能嗎？這些凹凸可以擴大鍋子的表面積，提高導熱性。在鍋中產生對流，加速入味。能夠更快速將水煮沸，也是這項功能的佐證。雪平鍋不只是材質輕的鋁鍋，也是「實力派」的鍋具。

先在腦中勾勒想做的料理

細數一下家中的鍋具，大小、厚薄、雙耳、單耳、中華鍋、土鍋……加上最近沒在用的，是不是零零總總一大堆呢？大概是因為鍋子的用途而不斷添購的結果。

掌握各種鍋子的特性，並仔細思考想做什麼樣的料理，然後整理出不要的鍋子，並試著找出專屬於自己的鍋具。

喜歡做菜的人，常會購買各式各樣的器具。但他們不買只有單一用途的，而是去挖寶找一些多功能的器具。雪平鍋是材質輕巧的鋁鍋，建議可以盡量選厚一點的。 釜

鍋子還是要大中小都備齊比較好，平型、深型及高桶型都有那就更方便了。壓力鍋因為省電也很受歡迎。多層次不鏽鋼則以5層的賣得最好。雖然也有11層的，但實在太重了。 K

隨著市中心日益增加的高樓住宅，不能用火炊煮的家庭也變多了。可以搭配IH調理爐的鍋子需求高漲。消費者選購時，多半會考量輕巧、容易清理、不沾黏以及品牌等因素。 D

厚度與重量

雖然最近厚鍋受到重視，但其實，薄鍋也有它的優點。接著就來了解個別特性，並應用在烹調上。

柳宗理
不鏽鋼雙耳淺鍋

薄鍋

很快能將水煮沸。適合不需燉煮太久的料理。

Staub
Round Cocotte 灰色

厚鍋

加溫慢，但蓄熱性強，適合熬煮料理。餘溫烹調也是強項。

容量及尺寸

生活春秋
無水鍋

3～5ℓ

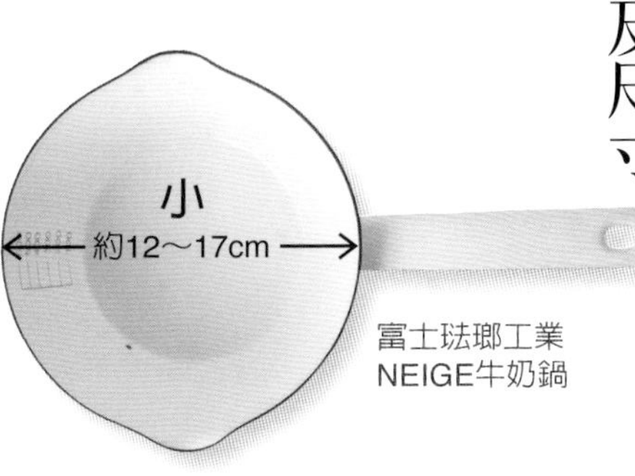

富士琺瑯工業
NEIGE牛奶鍋

0.6～1ℓ

EBM
鋁製鍛造雪平鍋

2ℓ左右

因應用途，備齊大中小會很方便。小的可煮蛋及少人份的湯品。中的可燉煮4人份的料理或湯。大的適合熬煮4～6人份的料理。

造型

深度

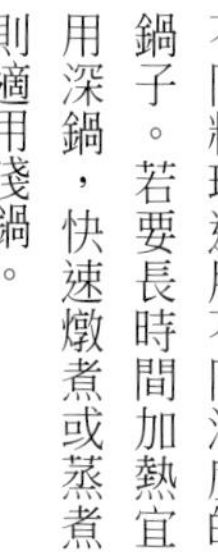
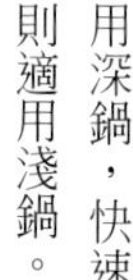
不同料理適用不同深度的鍋子。若要長時間加熱宜用深鍋，快速燉煮或蒸煮則適用淺鍋。

淺

MTI ProCook-ST外輪鍋

深

MTI ProCook-ST
高桶鍋

鍋口形狀

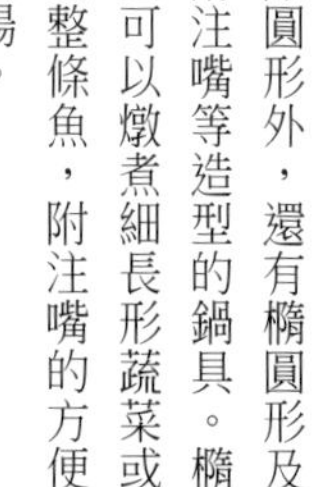
除圓形外，還有橢圓形及附注嘴等造型的鍋具。橢圓可以燉煮細長形蔬菜或是整條魚，附注嘴的方便倒湯。

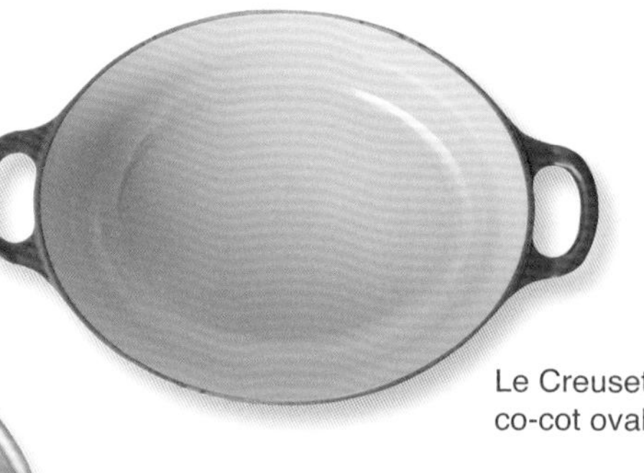
Le Creuset
co-cot oval

柳宗理
不鏽鋼牛奶鍋

鍋底形狀

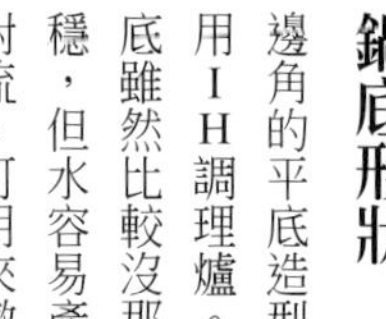
邊角的平底造型適用ＩＨ調理爐。圓底雖然比較沒那麼穩，但水容易產生對流，可用來燉菜或飯。

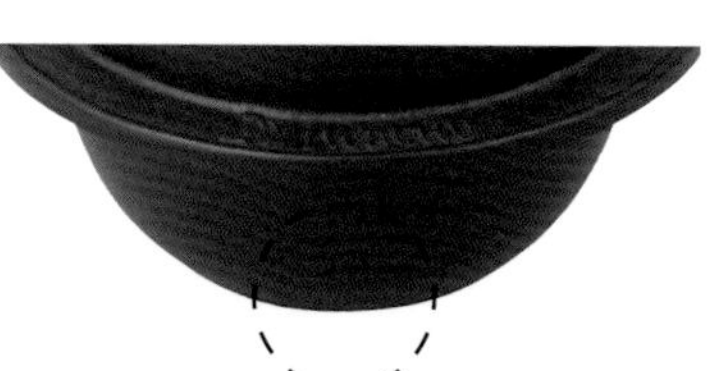
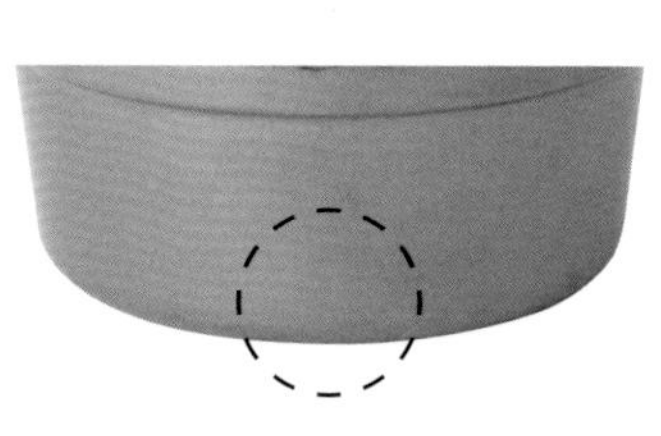

材質

現在的家庭，除了挑選容易清洗保養的材質及表面加工的鍋具外，也樂於享受鐵及鋼等材質的鍋具獨有的風味及氛圍。

琺瑯

- 抗酸鹼
- 不影響食材味道
- 不易殘留味道
- 不耐劇烈的溫度變化及衝擊
- 加工部分一旦剝落就容易生鏽

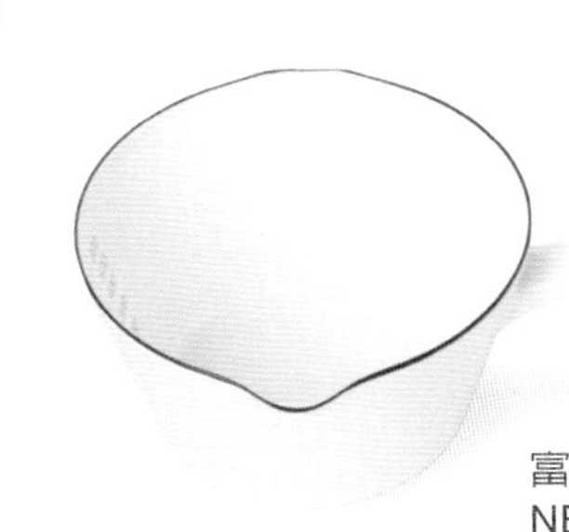

富士琺瑯工業
NEIGE牛奶鍋

不鏽鋼（多層鍋）

- 不易生鏽
- 耐衝擊
- 層數多的保溫性佳
- 越多層越重

柳宗理
不鏽鋼牛奶鍋

鋁

- 輕
- 導熱佳
- 不耐酸鹼
- 容易刮傷
- 另有強化耐蝕性的陽極氧化加工鋁鍋

EBM
鋁製鍛打雪平鍋

銅

- 導熱佳
- 親油性佳
- 耐火耐熱
- 易變色

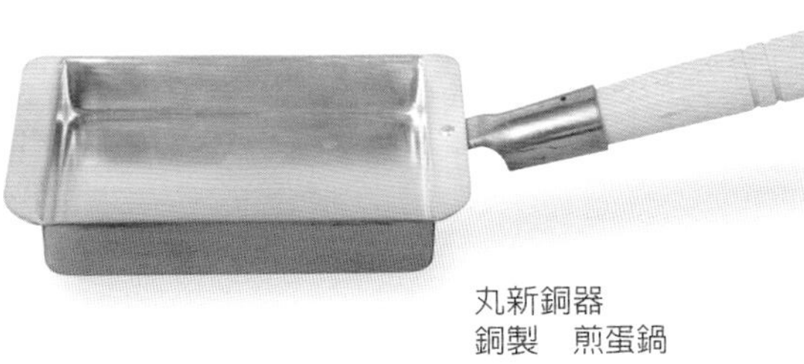

丸新銅器
銅製　煎蛋鍋

鑄鐵

- 導熱佳
- 親油性佳
- 蓄熱性強
- 易生鏽
- 重

岩鑄
炊飯鍋

琺瑯鑄鐵鍋

火候

預熱：中火

烹調：小火～中火

合用的周邊器具

木鏟、矽膠鏟、烹調用長筷等軟材質的產品

清潔保養

工具：柔軟的海綿刷

清潔劑：廚房清潔劑

注意事項：輕柔清洗

是否適用IH調理爐

多半都適用

火候

不耐劇烈的熱度變化，基本上先以小火溫鍋、中火預熱，待鍋熱後再轉小火烹調。嚴禁乾燒使水分蒸發。

可放入烤箱

如果鍋耳或鍋柄適用烤箱，就可放入烤箱中烘烤。熱度會逐漸導入，最適合燉肉或熬煮類的料理。

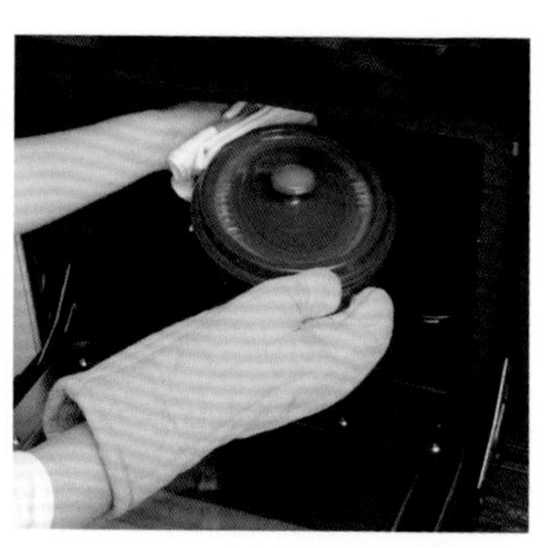

藉助保溫工具善用餘溫

想利用餘溫燜煮時，可以使用鍋用型保溫工具。即使不是有厚度的鑄鐵鍋，一樣能發揮極佳的保溫效果。先將鍋子加熱，煮沸後熄火，放入保溫工具內。靜置約1小時還是熱呼呼的，效果和細火慢燉一樣。照片是罩上鍋具保溫套。

細火慢燉，釋出食材美味

珐瑯鑄鐵鍋是在鐵碳合金的鑄鐵鍋外，包覆珐瑯層（玻璃材質釉藥）的廚房器具。珐瑯和陶器一樣不會生鏽，且相當的抗酸抗鹼。

著名的品牌有法國的Le Creuset、Staub、日本的Vermicular及野田珐瑯等。

從外觀看不出來它很重。而儘管有這個缺點，但具備遠紅外線的效果，最適合細火慢燉，逼出食材原有的極致美味。

近年來人氣大爆發的珐瑯鑄鐵鍋，可以在IH調理爐上使用真的很不錯。雖然經過珐瑯加工，還是不可以直接將食物放在鍋中保存。D

清洗方式

1

因不耐急劇的溫度變化，至少要放置約15分鐘，待冷卻後再用海綿刷及清潔劑清洗。

2

如果燒焦了，就倒入添加1大匙小蘇打水，以小火煮沸後，放涼浸泡。

3

清洗後將水分擦乾。鍋緣及加工剝落等沒有琺瑯覆蓋的地方可能會生鏽，要特別注意。

養鍋

保養方式（以Staub的鍋子為例）

雖通稱為琺瑯鑄鐵鍋，保養的方式仍依琺瑯加工的作法而有所差異。相關資訊可以上製造商網站查詢或洽詢店家。

1

新鍋買回後，最好再清潔一遍。首先以熱水充分洗淨。

2

內側抹油，以小火加熱數分鐘後，讓鍋子的毛細孔吸收油分，但小心別燒焦了。

3

待冷卻後再拭去多餘的油分。

保存方式

保存時在鍋蓋和鍋身之間墊上抹布等，避免兩相摩擦導致琺瑯層剝落。

琺瑯鑄鐵鍋商品

橢圓形

橢圓形鍋具方便用來烹調魚、五花肉、雞肉等，肉塊料理起來也容易。但放在瓦斯爐上有時會不穩。

Le Creuset
co-cot oval

鑄鐵烤盤

慢火加熱，將食物煎烤得鮮嫩多汁。如果是包覆琺瑯的鑄鐵烤盤，用起來更方便。

Staub
pure烤盤

醬汁鍋

手邊有一口小鍋，加熱或熬煮少量的醬汁都很方便。色彩繽紛的琺瑯鍋具，直接端上桌也OK。

Staub
小型醬汁鍋

多層不鏽鋼鍋

火候

預熱：中火
烹調：小火～中火

合用的周邊器具

不需特別挑選

清潔保養

工具：海綿刷及尼龍刷
清潔劑：清潔用劑及不鏽鋼去汙劑
注意事項：使用後盡快泡水

是否適用IH調理爐

大部分都適用。

多層結構分兩種，一種是只有底部多層，一種是底部及側面都是多層結構。後者導熱佳。

de Buyer
Affinity stew pan

保養方式

鍋子的顏色如果不亮沒有光澤了，先噴上不鏽鋼去汙劑，以保鮮膜包覆，之後再以海綿刷清洗。

炒

火力柔的多層鍋，用來乾煎容易焦掉的小魚乾再適合不過。另外，還能拌炒出鬆軟的肉鬆及蛋鬆。

清洗

保溫力強，離火後水分還是持續蒸發，容易沾黏料理的殘渣。使用後請立刻泡水。

價格偏高，但導熱佳好清理

不鏽鋼是添加鉻及鎳以防生鏽的合金鋼。廚房流理台幾乎都是不鏽鋼製。

雖然清潔保養都很簡單，但是就鍋具而言，它的導熱性太差而變得不實用。因此進一步開發出所謂的多層不鏽鋼鍋，以不鏽鋼包夾導熱性佳的鋁、碳素鋼及銅等。分成3層、5層及7層等，層數越多越重且越貴。少油即可煎炸食物，燉煮料理短時間內即可美味上桌。

不鏽鋼鍋基本上都是多層結構。尤其在熱源變得多樣化的今天，5層鍋已經不稀奇。多層結構使得受熱變得更均勻，但缺點在越多層越重。 K

鋁製雪平鍋

火候

預熱：中火

烹調：小火～中火

合用的周邊器具

木鏟、矽膠鏟及烹調用長筷等軟材質的產品

清潔保養

工具：柔軟的海綿刷

清潔劑：廚房清潔劑

注意事項：輕柔清洗

是否適用IH調理爐

基本上不適用

釜淺商店
鍛打雪平鍋

最適合用來熬汁

兩側都有注嘴的雪平鍋，很適合用來熬汁。直徑20 cm大的鍋子，容量約為1公升。

清洗方式

木製鍋柄的鍋子，連同木柄一起清洗，再將水分完全擦乾。

保養方式

覺得鋁鍋有些黑時，可將檸檬切片放入水裡煮5分鐘，之後再用清潔劑清洗。

附注嘴的便利好用鍋

鋁是存在於日常生活中的一種金屬，像是鋁箔、一角硬幣、鋁門框及雪平鍋等等。

質地輕、價格便宜，導熱性也僅次於銅，排名第二。如果厚度到達一定，導熱性就更好了。

兩側都有倒出湯汁注嘴的雪平鍋，原本就沒附鍋蓋，可使用內蓋。不管是燉、煮、燙、炒或熬汁樣樣難不倒的萬用鍋。缺點是不耐酸及鹼。

類似雪平鍋這樣日本自古就有的鍋子，多半是以寸（1寸＝3.03cm）為單位製作。由職人手工鍛打的鍋子宛如藝術品，熬出的汁液，滋味就是不一樣。 釜

琺瑯鍋

火候
預熱：中火
烹調：小火～中火

合用的周邊器具
木鏟、矽膠鏟及烹調用長筷等軟材質的產品。

清潔保養
工具：柔軟的海綿刷
清潔劑：廚房清潔劑
注意事項：輕溫清洗

是否適用IH調理爐
基本上都適用，但請注意鍋底面積尺寸。

色彩可愛，快煮慢燉兩相宜

琺瑯鍋是在金屬材質上施覆琺瑯釉燒製而成。不像琺瑯鑄鐵鍋那麼重，使用起來更順手。

快煮的料理或是需要慢慢熬製的果醬，琺瑯鍋都能派上用場，加上不會改變食材的味道，可連同鍋子一起放入冰箱保存。若要煮咖哩或燉菜，較大的雙耳鍋會更好用。

展現北歐時尚設計感的丹麥品牌DANSK琺瑯鍋，是最暢銷的商品。不可使用會傷及表面的金屬製器具。此外注意不要乾燒等，琺瑯鍋其實可以用很久。

容易保養。珍惜使用的話，琺瑯鍋可耐用數十年。我家廚房就有一只用了24年的琺瑯鍋。 K

DANSK
1970～1990年代的設計

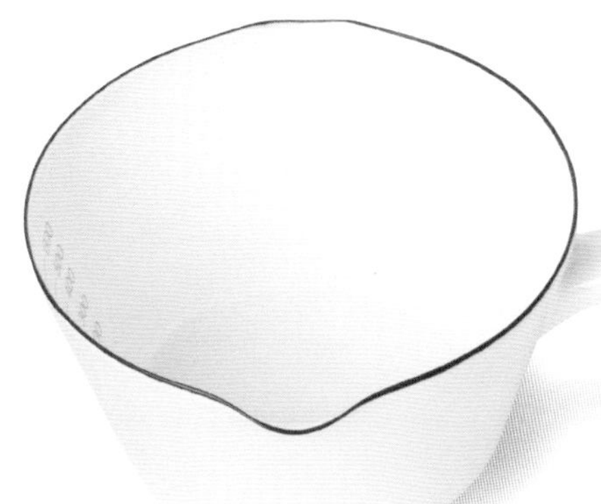

富士琺瑯工業
NEIGE牛奶鍋

高抗酸性

琺瑯的特色之一是極為耐酸。適合製作果醬或加了大量醋的燉煮料理。

單柄鍋可用來隔水加熱

將單柄鍋放入大上一圈的鍋中，就能方便的隔水加熱。味道不易轉移的琺瑯鍋很適合用來製作甜點。

萬一燒焦時

鍋中倒入溫熱的水，再加1大匙的小蘇打，溶化後靜置約2小時再加熱。煮沸一下熄火。冷卻後以中性清潔劑清洗。

壓力鍋

省時省火力，是忙碌時的好幫手

如大家知道的，水的沸點在1個氣壓下是100℃。以普通的鍋子不管怎麼加熱，都無法到達100℃以上。將鍋蓋做成密閉結構，提高內部壓力，進而提昇沸點的壓力鍋便應運而生。雖因商品而異，但家庭用壓力鍋約為2個氣壓，沸點在120℃左右。

壓力鍋最大的優點是烹調時間短，省時又省瓦斯或電費。原本還硬硬的肉塊一下子就能燉得軟爛，豆類及米也可以很快煮得蓬鬆軟Q，也很適合用來處理料理的前置作業。請抱持「熟能生巧」的精神善加利用，練就好廚藝。

火候

預熱：中火

烹調：小火～中火

合用的周邊器具

依鍋子的材質而異

清潔保養

工具：柔軟的海綿刷

清潔劑：廚房清潔劑

注意事項：當排出蒸氣的洩壓孔堵住時不要使用，另要勤於清洗

是否適用IH調理爐

商品的材質及厚度各有不同，請與製造商確認

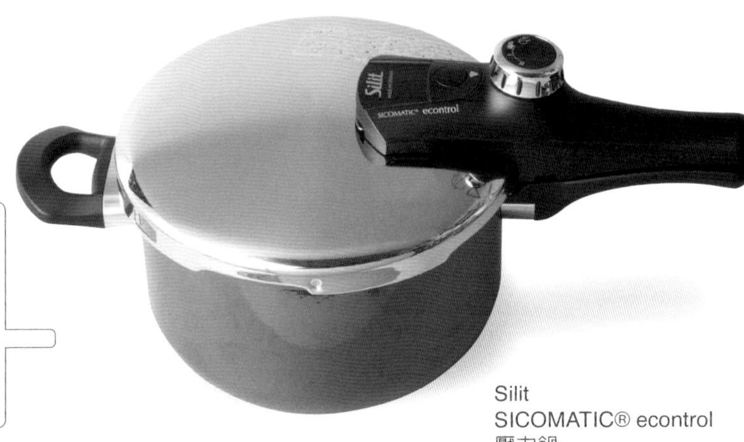

壓力鍋也是人氣鍋具之一，尤其到了年底賣得更好。在聖誕節或過年期間烤牛肉、燉牛肉，或是煮豆類時，壓力鍋最常派上用場。D

Silit
SICOMATIC® econtrol
壓力鍋

最近的壓力鍋，鍋蓋及把手很容易拆下來清洗。即使是舊款，有的製造商也提供更換墊片等零件的服務。維修保養後再持續使用看看。

高桶鍋

小火熬燉的工作就交給高桶鍋吧

有些料理像是燉菜或煨菜等，必須花時間慢慢熬煮才會好吃。時間讓原本無法相容的油水融為一體，孕育出美好滋味。

最適合熬燉任務的非高桶鍋莫屬。適當的厚度讓鍋中保持一致的溫度，縱長的鍋身，讓沸騰時由鍋底冒出的氣泡，在滾出湯汁液前就消失，促使油水合而為一。

MTI
ProCook-ST高桶鍋

油炸鍋

材質

鐵及銅等

清潔保養

工具：海綿刷

清潔劑：依材質及表面加工而異

注意事項：非氟素樹脂塗層的鐵鍋，使用後最好抹上一層油

CROYSSA
附溫度計炸天婦羅鍋

鐵鍋流
迷你油炸鍋

不希望弄髒廚房的人，傾向選擇防油濺設計的鍋型，志在炸出道地美味的會選鐵製油炸鍋。選小一點的，在桌上做串炸也很不錯喔。 K

油炸鍋

吃得到安全與美味

原以為天婦羅及高溫油炸的食物，一般家庭會敬而遠之，但好像不是這樣。

在鍋具方面，比較受歡迎的是只需少量油的小鍋、加上防油濺設備，以及附有網架可迅速瀝油等款式。

尺寸越小，越要選擇穩定的款式。依鍋底的直徑，有的並不適用ＩＨ調理爐。

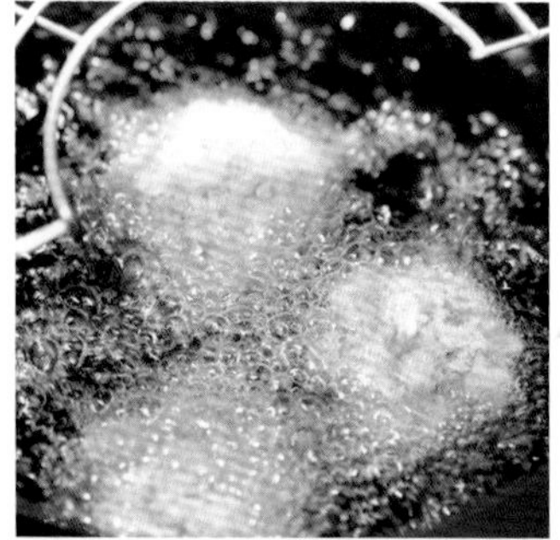

矢床鍋

譯注：指金屬製的無柄鍋，離火時要用鉗子拿取

矢床鍋的人氣指數上升中

矢床鍋就是無握柄及注嘴的雪平鍋。燒熱後要移開，需使用專用的鍋鉗。

在日式料理店，必需同時烹調好幾鍋料理時，鍋子的握柄反倒會成為干擾。其他優點還有不必擔心木製握把著火、不同大小的鍋子可疊起方便收納，以及容易清洗保持衛生等。

矢床鍋也頗受一般大眾歡迎。烹調後直接端上餐桌，感覺很帥氣。以矢床鍋取代土鍋，圍坐用餐別有一番趣味。送給外國人當禮物也頗獲好評。釜

材質
鋁、不鏽鋼、銅等

清潔保養
依材質而異

釜淺商店
矢床鍋

鍋鉗

親子鍋

以蓋飯專用鍋營造外食氣氛

顧名思義，親子鍋就是親子蓋飯的專用器具。也適合烹調1人份的豬排蓋飯或蛋蓋飯等蓋飯。

銅製的親子鍋，導熱效果優於鐵製或不鏽鋼製，煮出的蛋格外軟嫩。標準尺寸是16cm，市面上也有販售小的迷你尺寸。

考量多個鍋子同時烹調時不會相互干擾，把手與鍋身呈垂直狀。

中尾製鋁所

千壽鍋

勾起鄉村回憶的復古金色鍋子

顏色與形狀散發復古氛圍的鍋子，讓人聯想起以前的鄉間生活。親切的金色是陽極氧化加工的結果。比一般的鋁鍋更耐腐蝕、不易變色、耐酸鹼性佳。但是，加工部分會剝落，嚴禁用力刷洗。

因為特別輕，導熱效果好，食物熟得快，經濟實惠。很適合煮義大利麵及蔬菜，或是火鍋類食材。可惜不適合長時間慢火熬煮。

清潔保養

工具：海綿刷

清潔劑：廚房清潔劑

注意事項：不可用堅硬的刷子用力刷，否則會傷及陽極氧化皮膜

HOKUA
千壽鍋

外輪鍋

來自法國，博得專業人士青睞

在日本，將比較大的平底淺鍋稱為外輪鍋。這個較陌生的名稱源自法國的單柄平底鍋sautoir，原本日文音譯成sotowaru，然後不知何時被簡化成sotowa，寫成漢字就是「外輪」，故名外輪鍋。

適合用來燉煮整條魚或燙蘆筍之類的細長狀蔬菜。即使是在sautoir鍋的發源地，也使用形狀十分相似的鍋子烹調烤箱料理及蒸肉等。

材質

鋁、不鏽鋼及銅等

MTI
ProCook-ST外輪鍋

無水鍋

吃得到食材完整營養，上手後倍覺方便

無鍋蓋鈕或螺絲，造型簡單到印象深刻的無水鍋，為厚質地鋁合金鑄造，十分堅固耐用。

僅利用食材本身的水分料理，營養幾乎不流失，是很優秀的鍋具。此外還能炊煮出美味米飯，適合所有的烹調方式。由於全部都是鋁製，烹調時不可徒手碰觸，其他要注意的有不適用IH調理爐、不耐酸鹼、煮後不可將食物留在鍋內保存等。

清潔保養
工具：海綿刷及棕刷等
清潔劑：廚房清潔劑及去汙劑等

生活春秋
無水鍋

鋁不耐碰撞，鑄鋁鍋卻十分堅固。雖然使顏色會變黑，但耐用長達數十年。

文化鍋

不會溢出，米飯粒粒飽滿

戰後，隨著瓦斯爐的普及，文化鍋跟著熱賣。用它來煮飯，完全不必擔心沸騰溢出的問題。

只要一個按鍵就能煮好飯的電子鍋，是當今的主流，但如果想要享受一下自己控制火候，煮出熱騰騰米飯的樂趣，文化鍋是首選。另外如馬鈴薯燉肉等燉煮料理及味噌湯也難不倒它。

清潔保養
工具：海綿及棕刷等
清潔劑：廚房清潔劑及去汙劑等

Tohyama
龜印文化鍋

用鍋子煮飯

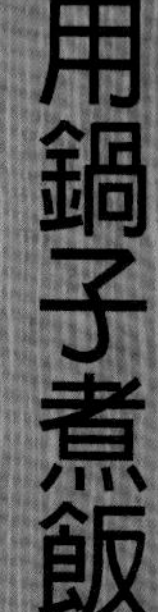

文化鍋・土鍋・鑄鍋

煮飯也能變成一件快樂的事

再也沒有比只用電子鍋煮飯更讓人覺得可惜的事。只要抓對訣竅，要煮出美味可口的米飯，真是出乎意料的簡單。

一打開鍋蓋，亮晶晶的水氣及撲鼻的米香，讓人幸福了起來。就算只煮1合（等於180毫升，最小的電鍋容量為3合）也沒關係。請一定要挑戰看看。

煮飯的基本步驟

①米和水大約比照電子鍋的量，再以中火加熱。

☆琺瑯鑄鐵鍋或土鍋等，先以小火加熱再慢慢加大火力轉至中火。

②沸騰後轉小火，繼續煮5～15分鐘。熄火前將火力加強約5秒鐘。

③熄火後燜10～20分鐘就煮好了。最後由鍋底快速將米飯翻拌一遍。

☆依鍋子的種類及米量，調整步驟②③的時間。

文化鍋

Tohyama
龜印文化鍋

鑄鋁鍋雖厚但輕，也容易清潔保養。很適合天天用它來煮飯。

煮起來鬆軟又保有適度水分。

土鍋

淺型土鍋煮的飯略微疏鬆。

厚且重的鍋蓋，用來煮飯再好不過。適用IH調理爐。

煮出的飯甘甜軟Q。

中式炒鍋

火候

預熱：大火

烹調：小火～大火

合用的周邊器具

長柄大炒杓、鍋鏟等，鐵或木製

清潔保養

工具：棕刷、竹刷

清潔劑：不用

注意事項：易生鏽，切勿殘留水氣

是否適用IH調理爐

因為鍋底是圓的，基本上並不適用

山田工業所
中式炒鍋

大小、深度、形狀可滿足各種用途

大火快炒的中式料理，絕對少不了一只中式炒鍋。明治以後日本也開始使用。使用後要花不少時間清潔保養，材質以導熱快、蓄熱性也高的鐵為首選。

不僅限於中式料理，「炒」、「煮」、「炸」、「蒸」樣樣行得通，兼具平底鍋及其他鍋具的功能。身邊有一只這樣的機能性鍋具，做起菜來會方便許多。

單柄的中式炒鍋賣得比較好。可能是因為雙耳的太靠近爐火，讓家庭主婦敬而遠之。用中式炒鍋燉煮料理或放上蒸具蒸東西的人比預期中來得多。釜

用法

和鐵製平底鍋（P.12）一樣，先經過空燒及過油潤鍋油後再開始使用。

清洗方式

使用後趁熱倒入熱水，洗去油汙。清潔劑容易洗去太多油，要注意。

壽喜燒鍋

方便直接放入烤箱。據說鑄鐵鍋原本是放在圍爐裡（坑爐）慢慢燉煮的鍋子。釜

釜淺商店
南部雙耳壽喜燒鍋

親油性佳的鐵鍋，可嘗到肉的美味

壽喜燒＝sukiyaki是日本的代表性料理之一，但它的歷史並不長，一般認為是在明治時期確立的。近年來，市面上開始販售壽喜燒調味包，未特別區分關東口味與關西口味，不過兩者的作法其實是不一樣的。

壽喜燒的鍋具以導熱性及親油性佳的鐵鍋最適合。另一方面，選擇可簡單清理的琺瑯鑄鐵鍋人數也急速增加。不論是材質是哪一種，平底、淺鍋身的形狀，還能用來做大阪燒、煎餃、西班牙海鮮燉飯或是煮魚等。

壽喜燒是「煎烤」料理。先用牛油將鍋子過油後，再開始放入肉及菜。

炊飯鍋

岩鑄
炊飯鍋

鬆軟好吃的祕密在鍋底的形狀

日本風的圓底鍋。熱水易產生對流，不論是燉煮料理或炊飯，都美味得令人食指大動。如果是鑄鐵材質，蓄熱性更強，可以保溫料理。

煎蛋鍋

UMIC
鐵氟龍塗層 煎蛋鍋
關西型

UMIC
鐵氟龍塗層 煎蛋鍋
關東型

丸新銅器
銅製 煎蛋鍋

材質

鋁、鐵、銅等

清潔保養

依材質及表面加工而異

注意事項：角落及邊框容易藏汙納垢，要仔細清洗

用銅製器具就能變身煎蛋名人？

長方形煎蛋鍋是關西式，正方形煎蛋鍋是關東式。若是家用，應該是長方形的比較容易上手。

以材質來說，推薦導熱快的銅製品。在高溫的鍋中倒入油，油熱後一注入蛋液，蛋便會瞬間吸油而變得美味無比，直可媲美壽司店師傅的手藝。只是動作要快，否則很容易焦掉。這是銅製品的特性之一，請注意。

銅製品的保養方式

食物不可留在銅鍋中，應養成做好菜後，立即盛盤至其他容器的習慣。銅製烹具很多在內側都鍍了錫及鎳，刷洗時使用柔軟的海綿也是一個重點。洗後記得確實擦乾。

章魚燒鍋

除章魚外還可自創其他風味

不只關西，章魚燒的魅力早已席捲全日本。雖然街頭巷弄處處可見章魚燒的小販，但自己在家做別有一番風味。家用章魚燒鍋，有直火加熱式、電熱式、卡式瓦斯爐式及電烤盤式等，種類不少，因此可根據使用頻率及人數來挑選。

在家做章魚燒，放什麼餡料都OK，可盡情發揮創意，享受自創菜單的樂趣。

在關西家家戶戶都有一台的章魚燒器，在北海道稱為成吉思汗鍋。沒想到在東京的店內也挺受歡迎。大概是因為這裡有不少來自外地的人吧。Ⓚ

Emile Henry　塔吉鍋

塔吉鍋

來自摩洛哥的尖帽子鍋

塔吉鍋在少水的摩洛哥有長遠歷史。造型特殊顯眼的鍋蓋，就是它只需少許水分，就能蒸煮的關鍵。加熱後上升的水蒸氣在鍋頂冷卻，滴落至食材上，形成濕潤多汁的口感。除了蒸蔬菜，也能熬煮出蕃茄醬等味道很棒的料理。

蒸具

材質

木、竹等

清潔保養

工具：海綿刷及棕刷等

清潔劑：不需要

注意事項：使用後立刻沖洗，再充分乾燥；若加清潔劑，要用流動清水沖乾淨

蒸籠

以木頭與竹子製成的中式蒸籠，蓄熱性相當好。陣陣撲鼻而來的香氣，也成了一種享受。

中式蒸籠（檜木）

如果想要久用，推薦日本製的檜木蒸籠。當然，大量生產的便宜蒸籠或許已經夠用，一樣能發揮功能。但老實說，一分錢一分貨還是自有道理存在。 釜

蓬鬆的口感還是略勝一籌

可能有人嫌蒸籠太佔空間而不想買，或是覺得既然有了微波爐，就沒必要再買蒸籠。

「蒸」是日本及中國自古流傳而來的加熱方式，是公認最能提引食材原味的烹調方式。日式及中式的木製蒸籠，可適度吸收水分、保持高溫，將食物蒸得蓬鬆軟綿，卻不含過多水氣。古人的智慧令人讚嘆。請親自感受一下蒸籠與微波爐的差異。

使用前

新品購入後，先泡水再空蒸。之後每次使用，也要事先泡水，以防止附著氣味。

鋪上蔬菜葉

蒸肉包或餃子時，在底部鋪上蔬菜葉，可預防沾黏，事後整理起來也比較輕鬆。

保養方式

盡量不要使用清潔劑清洗蒸籠。充分拭去水分後，最好拿去日曬。

不鏽鋼方形蒸鍋雖是店內的長銷商品，但現在人氣正高的，是可以放入微波爐烹調的矽膠蒸盒等。既可空出一個爐口，又不必在一旁盯著，的確是比較方便。 K

PE 雙層方型蒸鍋

方形蒸鍋

懷舊感的方型不鏽鋼製蒸鍋。因為與鍋子一體成型，所以很穩固。有不少日式料理的愛好者，用它來製作茶碗蒸及紅豆糯米飯等。

矽膠蒸具

只要放入微波爐加熱，簡單就能吃到清蒸料理。不僅能輕鬆蒸煮一人份料理，還能直接端上桌，難怪會成為人氣商品。雖然可以很快蒸好，不過有些食材，用蒸氣慢慢蒸出來的味道，還是不一樣。

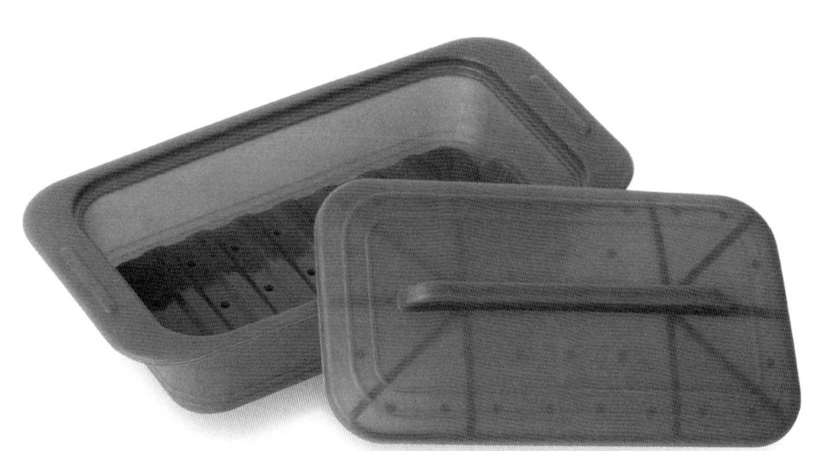

viv 矽膠蒸具

「冉冉熱氣蒸出溫醇好滋味」

吉田勝彥（廚師）

代代木上原的中式家庭料理店「jeeten」的老闆。著有《美味的蒸料理》（文化出版局）一書。

將蒸籠放置在鍋子或平底鍋上，可使蒸籠較穩固。

「蒸是十分簡單的烹調方式，只要交給蒸籠及熱氣就行了。」吉田主廚簡要説道。

以天然木材及竹子製成的蒸籠，可吸收多餘水分，且讓食材均勻受熱。金屬製蒸鍋會將熱氣洩出，但蒸籠內部維持約100℃的均一狀態，不必擔心蒸氣冷卻變成水珠，滴在食材上。

「蒸肉和蒸魚的訣竅，是一開始蒸氣要強，道理和先用大火烤出焦色相同。當火由外側逐漸傳至中心，就能鎖住美味不流失。」也就是説，必須等鍋子的熱氣完全釋出後，再放上蒸籠。相反的，根莖類等較硬的食材，要從小火開始慢慢蒸到熟。

蒸籠的材質為杉木及檜木等白木。如果介意新品的木頭味，「將蔬菜屑等放進去蒸，味道就會被吸附掉，請務必試試看。」

餐廳的廚房是將蒸籠放在大型高桶鍋上蒸煮，一般家庭如果使用尺寸不合的鍋子，熱氣將無法充分上傳。天天在餐廳廚房內工作的蒸籠，大約一年就要下台一鞠躬，不過家用通常可以用很久。陰乾至完全乾燥、不收進箱子的話，就不容易發霉。

水壺

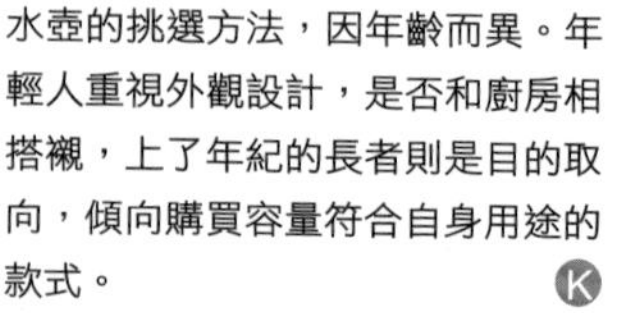

水壺的挑選方法，因年齡而異。年輕人重視外觀設計，是否和廚房相搭襯，上了年紀的長者則是目的取向，傾向購買容量符合自身用途的款式。Ⓚ

月兔印 野田琺瑯
Slim Pot

MEYER
Japan curling kettle

若廚房是自己的城堡，那麼道具就是守護城堡的軍備品。身姿姣好的器具，使用起來也很順手。Ⓓ

柳宗理
不鏽鋼水壺

天天用，外觀當然要精挑細選

水壺是「煮水」的簡單器具。原本用於熬煮中藥，所以日文將它稱為「藥罐或藥缶」（讀成yakan），好像鎌倉時代就已經存在。

水壺有可以慢慢倒出少量熱水的壺嘴，以及順手好握的提把。

材質、設計、顏色，繽紛多樣。

正因為每天都要用，不要隨意妥協，仔細挑選一只打從心底接受的水壺。

琺瑯

玻璃材質加工，容易保持衛生。另外，有多種顏色可供選擇。

鐵

可補充鐵分、煮出醇厚味道的材質。須掌握好清理保養的訣竅。

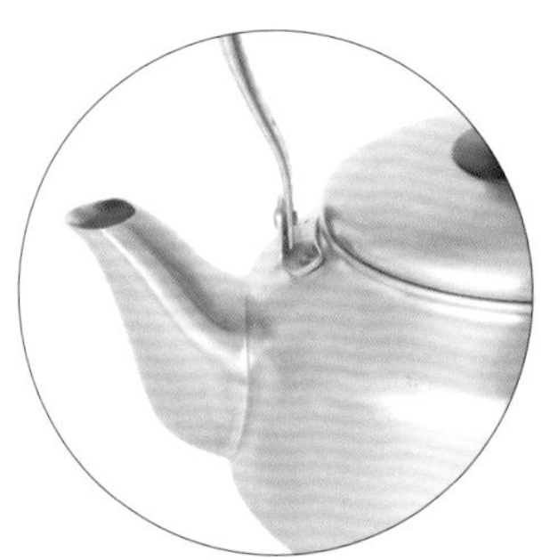

不鏽鋼

耐碰撞，不生鏽的材質。無機的礦物色在男性之間頗受歡迎。

小體積大用途的模範生

歐洲將熟悉的煮牛奶器具，稱為milk pot或milk boiler（牛奶壺或牛奶鍋）。看起來小小的，但有一定深度，使用範圍比想像中大且方便。

煮煮少量菜餚、味噌湯，甚至煮飯都OK。本產品幾乎都沒附蓋子，如果需要，可挑選廠商專為日本設計的附蓋款式。

Silit的附玻璃蓋牛奶壺，可以用來燉牛雜或豬雜、油炸或煮2合（約360ml）的飯。煮好後可直接盛裝放入冰箱保存。可愛又方便實用，不愧是德製商品。 Ⓓ

Silit
附玻璃蓋牛奶壺

形狀雖然大同小異，但小鐵壺的內部有琺瑯加工塗層，所以無補充鐵分的效果。歐洲人士也喜愛鐵壺，好像是用來沖煮紅茶。最近則成為中國人的伴手禮。釜

岩鑄　寸崗　松

東屋　肌

請不要碰觸鐵壺的內側。使用鐵壺時，會浮現如鐵鏽般的氫氧化亞鐵。只要煮出的水不會變成紅色，便可繼續使用。照片是釜淺商店用了20年的鐵壺。

水味甘醇，還能補充鐵分

鑄鐵類的鐵壺（鐵瓶），是將日本茶道中的鐵釜（湯釜）稍微縮小，並加上提梁與壺嘴。岩手縣生產適合製作刀具及鐵器的鐵與鐵砂，當地出品有名的南部鐵壺。

純飲鐵壺煮開的水，味道即十分甘醇，泡茶自不在話下，連咖啡喝起來也別具風味。身體吸收溶出的鐵分，還能預防貧血。只要清理保養得當，可以輕鬆愉悅地用很久，而且越用越有味道。

瓦斯火源與電氣火源

差別在能否看到火焰

「瓦斯爐及ＩＨ調理爐，究竟哪一種比較好呢？」兩者各有長短，所以呈現意見分歧的局面。

ＩＨ是Induction Heating的簡稱，意指電磁誘導加熱。原理是裝設在面板下方的線圈產生磁力線，在通過金屬鍋具時形成渦電流，渦電流在鍋具內部受阻而轉化為熱能，使鍋子自體發熱。

ＩＨ調理爐和瓦斯爐最明顯的差異，在於看不看得到火焰。依據材質及形狀，有些烹調器具可在瓦斯爐上使用的，卻不適用ＩＨ調理爐。

近年來，高樓的住宅大廈林立，有些大樓基於安全考量，限制只能使用電氣熱源。２０１１年３月東日本大地震引發的電力危機問題，大家應記憶猶新。瓦斯和電力對我們來說，都是重要命脈，也許在遙遠的未來會有一方勝出，不妨好好期待。

IH調理爐

- 爐面平坦好清理
- 具便利功能，如油炸溫度調節等
- 搭配的器具，有材質及形狀限制
- 看不到火焰，火候不易掌控
- 無法邊搖晃鍋子邊烹調

瓦斯爐

- 基本的加熱器具都適用
- 可邊搖晃鍋子邊烹調
- 可藉火焰與器具的距離來調節火力
- 烹調的地方會變熱
- 引起火災的風險稍高

圓底的中式炒鍋不適用IH調理爐。請改成直徑12cm以上的穩定平鍋底。

烤網的底部並不是整面都是平的，不能在IH調理爐上使用。要烤魚、麻糬或蔬菜時，請改用平底鍋或烤盤。

像鋁一樣不具磁力的金屬及土鍋等，不能在IH調理爐上使用。請更換成有磁力的金屬鍋，或是底部加工塗層可對應IH調理爐的器具。

火與調理器具的淵源深遠

打雷等自然現象引發的火災，對人類來說是最早見到的火。而吃下火焰燒到的動物或樹木的果實，則成為料理的起源。

日本直到明治時代出現火柴及打火機以前，都是以打火石敲打鐵所迸出的火花來起火。家用廚房瓦斯在戰後迅速普及。瓦斯管拉不到的地方就使用瓦斯桶，瓦斯成為當今加熱法的主流。

烹調方式及使用器具也隨著火出現變化。「燒烤」先是直火，不久改成利用燒熱的石頭或土塊間接加熱。而當具備鍋子用途的土器被製作出來，又多了「燉」、「煮」的調理方式。繩文初期的尖底土器是以黏土搓成繩狀捲成。繩文中期出現平底土器，彌生時代則發現圓底土器。之後經過很長一段時間，鐵器開始普及，因應加熱法，以火烹調的器具在材質及形狀上，逐漸改變成今日的樣貌。

懸吊在地爐柴火上的是圓底鍋。相當於現在瓦斯爐的爐灶，也是圓底鍋的熱效能比較好，火可以整個包住。然後是讓瓦斯火焰均一的面積加大的平底鍋變多了，就連加熱法的新面孔IH調理爐也限用平底鍋具。

了解火與器具的歷史，進而追求生活的便利性，不也頗富趣味！

手握器具

廚刀・料理鑷・長筷等

廚刀

昭和廚刀

一把以領導昭和家庭料理的料理研究家土井勝為名的廚刀。刀子正面刻有一格1cm的刻度。戰後，料理食譜開始在電視及雜誌上現身，連食材要切成幾公分都有說明。有了這個創意商品，日後做菜就不必再用尺確認了。

西式廚刀

日式廚刀

料理高手往往也是廚刀達人

刀具和料理有著切也切不斷的關係。它的起源可追溯至石器時代以尖銳石頭或骨頭碎片製成的工具。

日本在彌生時代誕生了使用豐富鐵砂的「吹踏鞴制鐵法」，到了奈良時代高品質的鋼製日本刀問世，日式廚刀承襲了日本刀的技法。日本最古老的廚刀，目前保管在正倉院。室町時代，開始發展日本料理，進入德川末期的文化・文政年間，料理文化進一步開花結果，菜切、出刃、薄刀、蛸引（角型刀尖的生魚片刀）等各式廚刀應運而生，及至永喜・安政年間，柳刃、江戶型鰻魚刀登場，再一路發展至今。

西式廚刀在明治時代傳入日本。戰後，設計出日本特有的三德刀，最近又陸續開發出運用新材質的不鏽鋼刀及陶瓷刀等。

如果一開始只買一把刀

蔬果刀（petit knife）

如果要買第二把，推薦這款蔬果刀。可切削水果，細微的手部作業也容易處理。

木屋
雪絨花系列No.160
削皮刀

鎌型（三德刀）

魚、肉、蔬菜等，用途廣泛的刀形。最適合當成廚房的第一把刀。

木屋
雪絨花系列No.160
鎌型菜刀

三德刀（文化刀）特別適合女性使用，**100人中有80人選購鎌型**。提到西式廚刀，當然就是牛刀，但可能是尖細的鋭利感令人心生抗拒，才開發出看起來略圓的鎌型刀款。第二把會買的刀是蔬果刀。㊍

先從順手的鎌型廚刀入門

廚刀是製作料理的重要夥伴，可分為日式及西式兩大類，各具特性，若手邊的刀具能符合需求當然很方便。但如果只能選一把，鎌型廚刀是首選。它兼具了西式牛刀及日本切菜刀（菜切包刀）的特性，對一般家庭來說是容易操作的刀款。保養方式及價格視材質與製法而異，請謹慎挑選。

最好的辦法就是親自握在手中，感受一下順不順手！

刀子的長度

從刀尖到刀根的距離稱為「刀渡」，即刀長，為挑選刀子長短的基準。家庭用的鎌型刀推薦約180mm長的款式，蔬果刀是110mm。

日式廚刀

從日本料理中發展出來的刀具。日式廚刀除切菜刀外，其餘均是單刃。一般家庭，以切菜刀、出刃用起來最順手。

木屋　いづつき木屋　出刃
（いづつき就是口字中有個木字，為刻在刀具上的商標）

喜歡魚料理，就添購一把出刃

適合剖魚、切削魚骨。刀尖薄，朝刃面位置增厚。家用的話，刀長推薦約15cm。

木屋　いづつき木屋　切菜刀　關西型

喜歡蔬菜，就加買一把切菜刀

適合切蔬菜或削皮。特徵是刀刃寬、呈水平狀。刀根轉角呈圓形轉角狀是關東型，方顎是關西型。

木屋　いづつき木屋　切菜刀　關東型

木屋　いづつき木屋　正夫

要切生魚片，就用職人氛圍的柳刃

用來切出剖面平滑的生魚片。關東型的生魚片刀因形似菖蒲葉，稱正夫（正夫的日文發音同菖蒲），關西型像柳葉，稱為柳刃。

西式廚刀

隨著飲食的西化，開始在明治以後普及的刀型。家庭最常使用的是適合切肉的牛刀及切麵包的麵包刀。西式廚刀都是雙刃。

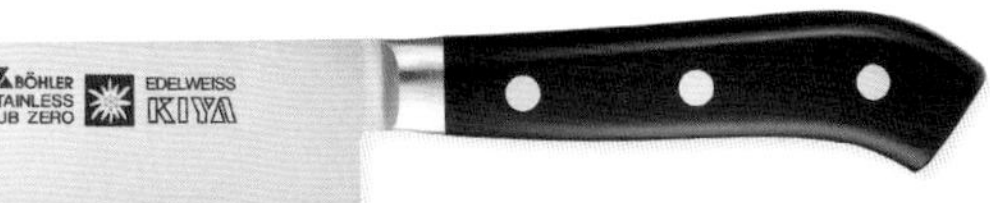

木屋
雪絨花系列No.160　牛刀

刀尖銳利的牛刀

主要是切肉，也可切小型魚或蔬菜，實用性很高。由於刀尖銳利，也能切生魚片。

木屋
雪絨花系列No.180　麵包刀

麵包族必備的切麵包刀

適合分切麵包或蛋糕的海綿體部分。鋸齒狀刀刃，可常保鋒利度。

中式廚刀

在中國，幾乎可以說是一把菜刀打天下，什麼食材都能應對，細切、剁碎、拍打樣樣行得通。和西式廚刀一樣，也是雙刃。

木屋
中式廚刀　中華柄（圓刀柄）

中式廚刀

一般認為中式廚刀就是日本切菜刀的原型，但有兩倍重。使用時，下面要墊塊厚重砧板。

重點整理

關於刀刃的材質

不鏽鋼和鋼哪一種比較好？

「不鏽鋼和鋼哪一種比較好？」這是個很難評斷的問題。廚刀的製作品質及事後的清潔保養，對鋒利度的影響，實則大過刀刃的材質。話雖如此，配合生活方式挑選適用刀款具並給予適當保養，事先了解刀刃材質還是很重要的。

	製法	保養
鋼	鐵中含0.1～2.7%的碳。將含適量碳的鐵，鑄造成刀具的金屬。	易生鏽，用後要立即清洗、擦乾水分。要定期除鏽與研磨。
不鏽鋼	在鐵中加入少量的碳及鉻等金屬。不同於湯匙及鍋具使用的不鏽鋼，廚刀的不鏽鋼含碳。	比鋼不易生鏽，但嚴禁殘留水氣，務必充分拭乾保存。磨刀石要選不鏽鋼專用。
粉末合金鋼	有超硬金屬之稱的金屬磨成粉，再高壓凝結成新的金屬。	和不鏽鋼一樣不易生鏽、和鋼一樣好研磨。雖可長保鋒利，仍應定期研磨。

不鏽鋼的優點在於保養簡單，且遠比鋼更不易生鏽。缺點是一旦劣化，就很難用磨刀石研磨，而且不易結合好的刀刃。（木）

刀刃的結構

廚刀中分成刀刃全部由同一種金屬製成的「全鋼」，以及由兩種金屬組成的「複合鍛造廚刀」。全鋼再細分成全部是不鏽鋼的西式廚刀，以及全鋼、有「本燒」之稱的日式廚刀。複合鍛造廚刀指以軟鐵做本體，再結合鋼刃，結合的方式有三種。

廚刀的剖面構造

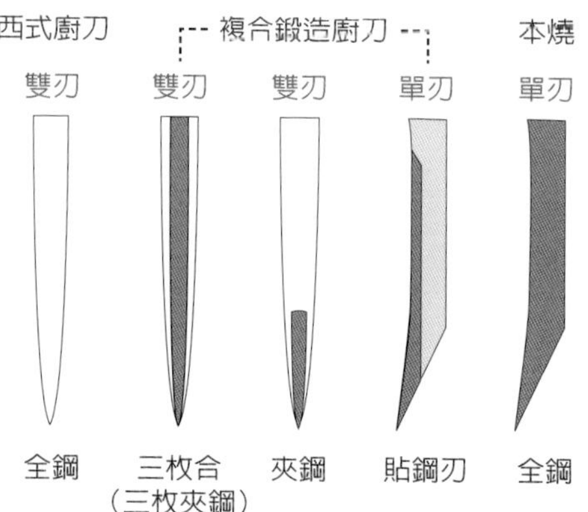

護手和刀柄

護手的功能在於，防止沾附在刀刃上的水分及汙垢滲入刀柄。刀柄就是手握的部分。木製刀柄觸感柔和，金屬刀柄則比較衛生。

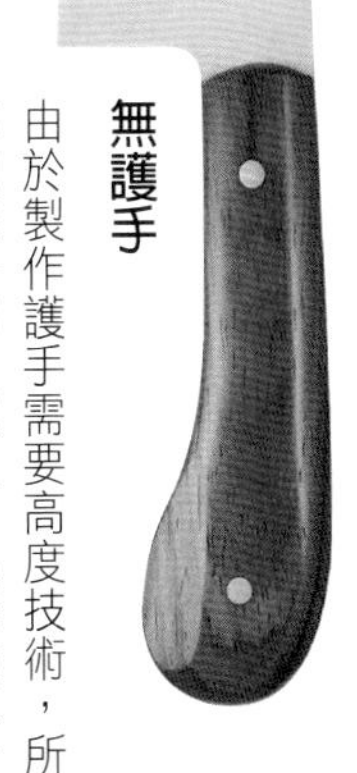

無護手

由於製作護手需要高度技術，所以不加護手的刀款，可以壓低價格。

有護手

水分及汙垢不易滲入刀柄，可延長刀具的使用壽命。

護手有保護刀柄的作用，適當的重量讓刀具變得更好切割，延長使用壽命。不過，護手的製作技術偏高，通常售價較高。不鏽鋼的護手是以熱處理接合，有容易損傷或壞掉的缺點。㊍

樹脂

耐碰撞、耐磨耗的刀柄。有的樹脂，握起來手感佳，觸感舒適。

不鏽鋼

與刀刃無間隙銜接，乾淨衛生，並選用不生鏽的不鏽鋼。

黑檀木（天然素材）

又重又硬的漆黑色，經研磨後呈美麗光澤。也使用於樂器及建材上的高級木材。

朴木（天然素材）

輕且柔軟，握起來很舒服。常用於日式廚刀上。

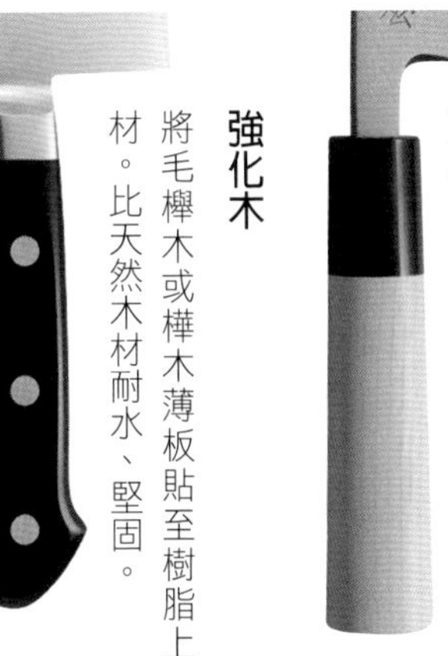

強化木

將毛櫸木或樺木薄板貼至樹脂上的積層材。比天然木材耐水、堅固。

廚刀有分正反面

廚刀的刀刃有正反面之分。不論是慣用左手或右手，握住後朝身體外側的是正面，朝內側的是反面。單刃刀因刀刃的結合方式不同，慣用左手的人請選擇左手用刀款。

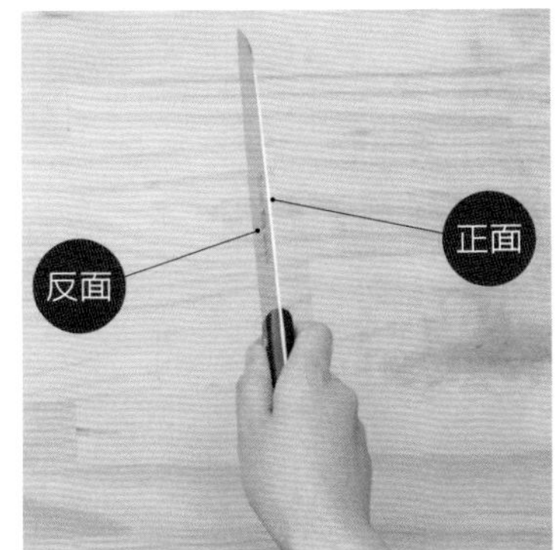

研磨方式

廚刀的研磨方式

會自己在家磨刀的人已經變很少了。儘管使用頻率不同，但至少一個月要磨一次，若能親自動手那是再好不過了。磨刀最重要的是選對磨刀石，累積經驗逐漸熟練。磨刀石也要好好保養。

向木屋的石田先生請益

吉田勝彥（日本橋木屋）

磨刀是很講究技巧的。請務必挑選適合的磨刀石，親自挑戰看看。這次要教大家利用最少工具來研磨廚刀的方法。

準備工具

磨刀石（又稱砥石）

中粗磨刀石。如果要磨不鏽鋼刀，就改用含GC研磨劑的磨刀石。研磨前要先充分泡水。

抹布

浸濕後墊在磨刀石下方，防止滑動。

木板（盛放魚板的板子等）

代替細磨刀石，將研磨過的痕跡修飾整齊。

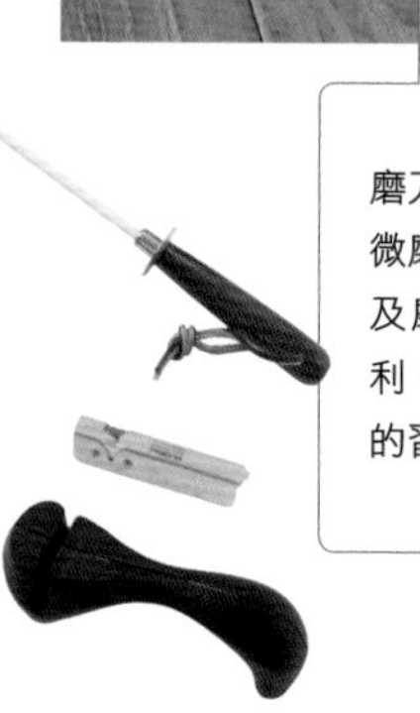

磨刀棒是在使用前，將廚刀稍微磨利的簡單工具，效果遠不及磨刀石。真的想要常保鋒利，還是要養成以磨刀石磨刀的習慣。木

關於磨刀石

紋理的粗細

磨刀石依紋理的粗細分成粗磨刀石（荒砥）、中磨刀石（中砥）及細磨刀石（仕上砥）。若只買一個作為家用，就選中砥。有細磨刀石當然可以磨得更細致。

磨刀石種類

家庭用磨刀石，依添加的研磨劑而有不同的硬度。如果是要磨堅硬的粉末合金鋼或不鏽鋼製的廚刀，可選擇加入被稱為GC的碳化硅（俗稱金鋼砂）磨刀石。鋼製廚刀使用含氧化鋁的磨刀石。同時添加GC和氧化鋁的磨刀石，適用所有廚刀。

磨刀石的保養

磨刀石磨久了，中間會往下凹陷，所以每次磨完後，都要善加保養。磨一磨砂漿混凝土等，可保持表面平坦。

西式廚刀的研磨方式

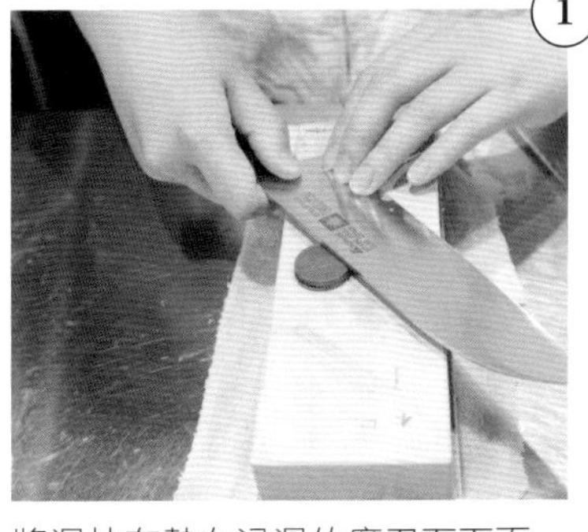

將濕抹布墊在浸濕的磨刀石下面。由正面開始磨刀子。從上往下看，刀與砥石約成50度。刀背豎起約三枚硬幣疊起的高度，刀刃抵住磨刀石，三隻手指按在刀上。

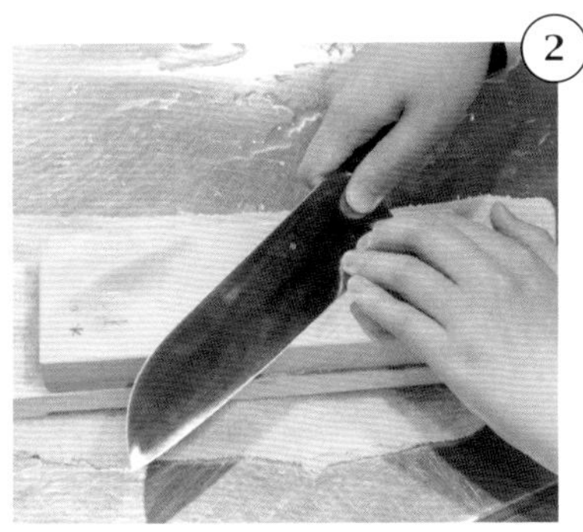

刀刃分四段研磨。先將1/4段的刀刃抵住磨刀石，與磨刀石成平行方向，前後滑動研磨。當按在刀上的手指碰到粗糙的金屬毛邊，再依相同方法研磨下一段1/4。

刀根至刀尖與砥石呈50度，刀背保持在三枚硬幣高的角度下研磨。

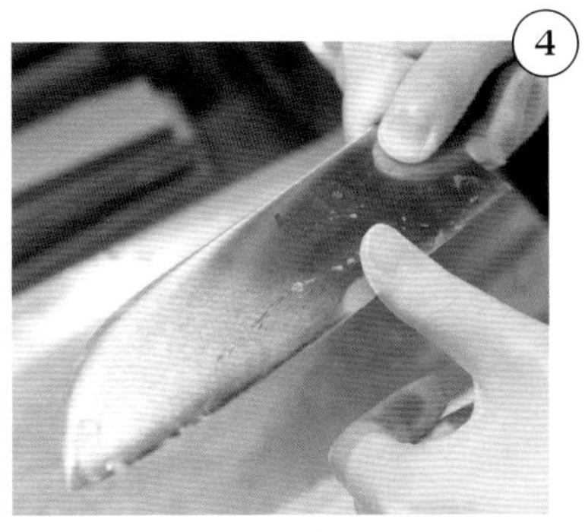

當整個刀刃都起毛邊，就翻至反面研磨。反面的研磨力道稍小於正面。刀與砥石呈90度，刀背豎起約2枚硬幣高。

和正面一樣分成四段研磨，磨至出現毛邊。接著將刀刃輕輕抵住盛放魚板的板子，來回移動，磨去細小毛邊。最後以清水沖洗、擦乾。

廚刀不是一次磨一整段刀刃，而是分四段研磨。

單刃的研磨方式

單雙刃的研磨方式基本是一樣的

差別在於磨刀石與廚刀，以及磨刀石與刀刃的角度稍有不同。

- 磨刀石和廚刀呈45度。
- 研磨時，刀背豎起的角度稍高於刀刃的角度。
- 背面的研磨力道比正面輕，而且更輕於研磨雙刃時。

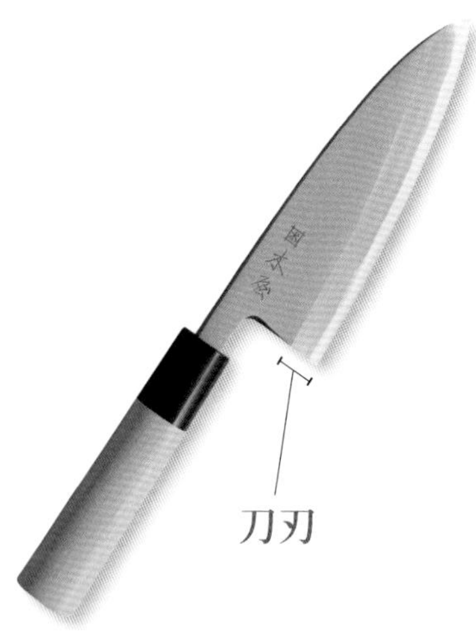

出刃

除剖魚或切肉外，切割硬質蔬菜也很好用。

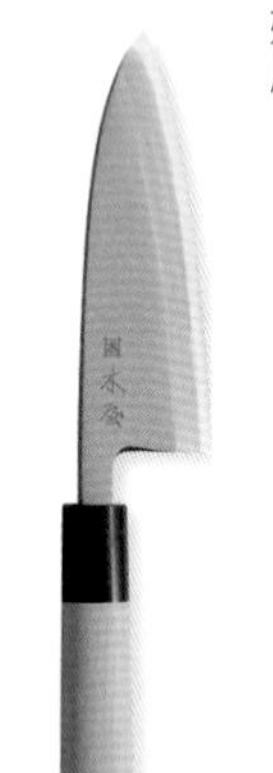

木屋
いづつき木屋　出刃

柳刃（正夫）

長長的刀刃可以順利拉動切割，呈現工整漂亮的剖面。

木屋
いづつき木屋　正夫

薄刃

刀刃平薄，最適合用來將蔬菜削成帶狀透明薄片或切絲。切口也很漂亮。

木屋
いづつき木屋　薄刃

削皮刀

刀刃比薄刃更薄，凸出的刀尖可在一些細工削切作業派上用場。

木屋　削皮刀

庖丁原本是人名？

日本人將廚刀稱為「包丁」。包丁原本寫成「庖丁」，庖＝廚房，丁＝男子，所以庖丁指的是廚師。

古書《莊子》中有一段關於庖丁解牛的寓言。文中的庖丁是侍候魏王的廚師，他所用的刀就稱為庖丁刀，可能是傳入日本後被簡化成包丁。中國現在不再說庖刀，改稱「菜刀」、「水果刀」。好像只有日本仍將料理刀具稱為包丁。

使用方法

重新認識廚刀的基本握法與姿勢

首先，身體與料理台保持約10cm的距離，雙腳打開同肩寬。持廚刀側的腳可以向後約半步。若覺得舒服，身體稍斜也沒關係。

接著以拇指及食指扣住刀柄根部，其他三指握住刀柄。食指也可伸出置於刀背上。雖然做起來不容易，但請將身體放鬆，輕輕拿刀，好好握住。另一手的第一關節頂住刀背，幫忙扶著。

不管是什麼姿勢，不會累是最重要的。請考量身高與料理台的高度，找到一個適合自己、可以放輕鬆做菜的姿勢。

刀尖
用於細部作業。

刀腹
拍碎或將切好的食材聚在一起。

刀背
不是用來切，而是敲斷纖維或細胞。

刀根
在用力切割堅固食材時使用。

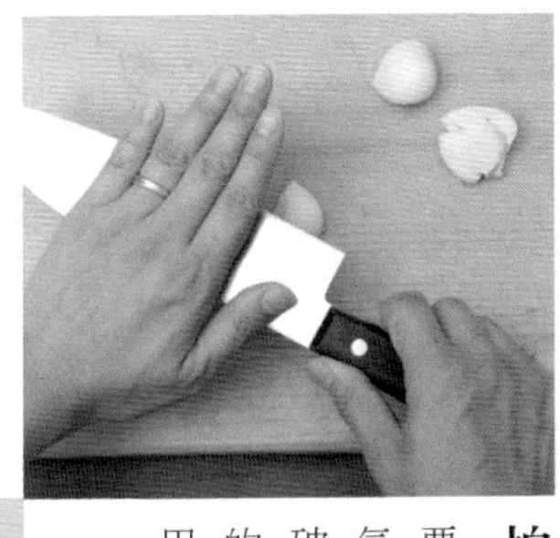

拍碎
要逼出大蒜或花椒香氣的方法，就是要以破壞組織的方式。厚的以刀腹壓碎，薄的用刀背輕敲。

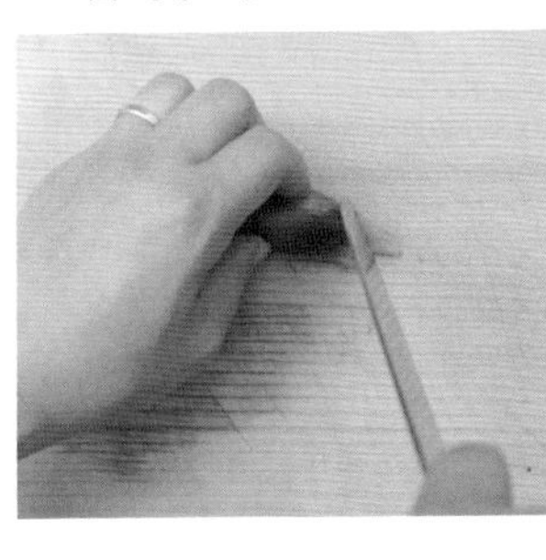

剔除
要切除食材的頭尾，如茗荷的頭或茄子的蒂頭等，用的是刀尖部分。容易瞄準目標，進行細部作業。

切開
切南瓜等堅硬食材時，將左手按住刀背，以身體的力量向下壓。比較容易施力於刀根部位。

清洗方式

清洗廚刀的重點，絕對是刀柄。萬一汙垢及水分滲入刀柄內，就無法清理，導致裡面的金屬損傷。務必用清潔劑洗淨，接著立刻確實擦乾刀刃及刀柄的水分。

「正因為廚刀是消耗品，所以才要好好保養。」

明峯牧夫（廚師）

2002年在西荻窪的住宅區開設日式餐廳「たべごと屋 のらぼう」，強調活用食材原味的簡單烹調。

「只要時間允許，我幾乎每天都會磨廚刀。」廚師明峯牧夫先生表示，廚刀這個器具是消耗品。話雖如此，他自己持續磨10年的刀子，用慣後彷彿與手掌合而為一的彎曲刀柄，確實蘊含了所謂的器具之美。

「雖然我不是磨刀高手，不過在磨刀時總是一邊想像鋒利度，一邊研磨。」

西式料理是使用雙刃的西式廚刀。如果說用日本的單刃刀來「切」，那麼西式廚刀大概是用來「斷」吧。以切菜刀薄薄削下蘿蔔的皮、以出刃切斷鯛魚的骨頭、用柳刃拉切生魚片。面對不同的廚刀，廚師對鋒利度的要求也各有差異。

明峯先生喜歡的廚刀，是受到眾多廚師喜愛的「有次」。它的鋼質不會太硬，保有良好的平衡感。近年來，歐美廚師造訪築地時，爭先要購買「有次」刀。也許是他們從西式廚刀所欠缺的細緻銳度中，感受到日本料理的深奧。

在多元社會的現在，廚刀將隨著當代的飲食及使用者的意像，而持續變化，正因為這樣的意像，才能呈現出料理的味道。

位於日本山形縣西村山郡的打鐵店內，迎接90高齡的阿部哲太郎先生製作的藁切庖刀。薄造的刀刃柔軟、刀柄收在掌中，便利又好用。

各式進口小刀具

Jean Dubost的奶油刀

隨身折疊刀

輕鬆好用的隨手小刀

在筷子文化的日本，也許不是那麼地擅長使用小刀具＝knife。

進口的小刀豐富多樣。像是附刀刃的奶油刀，也能用來切起司或水果。

具有鋸齒狀刀刃的英式小刀（English Knife），分切麵包或肉也沒問題。麵包刀則無論軟硬麵包都難不倒。

而且，盡是些想讓人擺在餐桌上的時尚設計。

WENGER
點心刀（黑色）

點心刀

蔬果刀加上鋸齒狀刀刃的變化款。小型刀，使用起來很輕鬆，除麵包外，也能切肉及蔬菜。

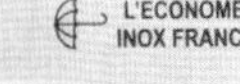

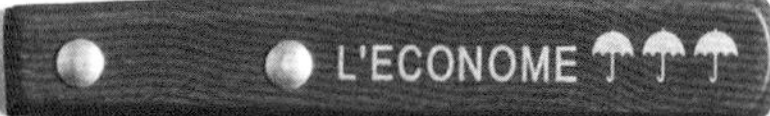

L'ECONOME
蔬果刀

進口的小刀，不僅刀柄色彩繽紛，款式也五花八門。品質高的商品，鋒利度一點也不馬虎。有很多刀款，大小正適合在餐桌上使用。擁有一把，好用程度肯定令你驚艷。Z

蔬果刀

外國的蔬果刀，刀根部分沒有轉角，可整個握緊使用。削蔬果皮也能安心。

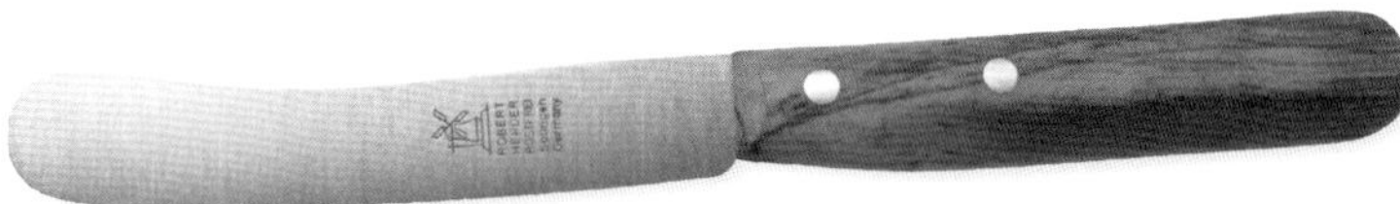

Robert Herder Old german
早餐刀

Old german早餐刀

圓狀刀尖的小型刀具。除可在餐桌上切麵包及起司，刀尖還能用來塗奶油及果醬。

磨菇刀

附刷子的刀柄，模樣可愛，是用來處理菇類及山菜的刀具。刷子刷去汙垢，蒂用刀切掉。

Robert Herder
菇類及山菜用小刀

英式小刀

雖然是搭配叉子使用，但刀子夠利，也可單獨派上用場，例如切土司邊或塔點心。

Jean dubost
英式小刀

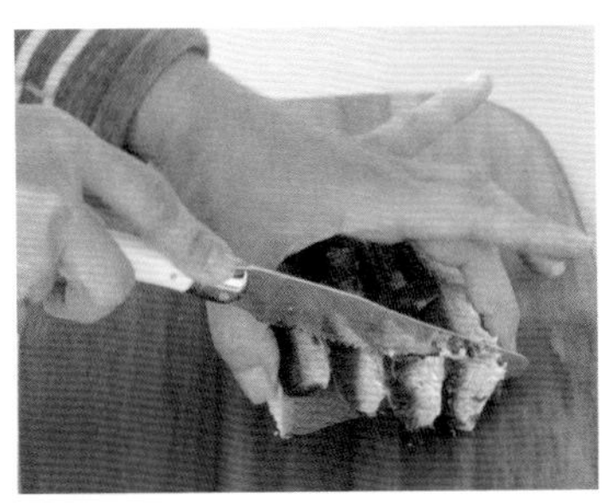

廚用剪刀

用慣就戒不掉了

善用廚用剪刀的日本人，尤其是上了年紀的，似乎是少數，對吧？反觀西方人，做料理時不用砧板，而是靈活運用刨刀器、小型刀及廚用剪刀等。

廚用剪刀於1938年誕生於德國的索林根（Solingen），該地自中世紀以來即以刀刃產業繁榮一時。聞名全球的雙人牌剪刀（Zwilling J.A. Henckels）總部也設在此處。

不管是切下骨頭上的肉、肥肉或筋；剪去魚鰭或魚骨；蔬菜的前置處理，廚用剪刀都能代勞。甚至可在鍋子的裡面或上方裁剪食材。因在有水的廚房使用，不易生鏽的不鏽鋼是首選。

Friedr Herder
不鏽鋼製廚用剪刀

木屋
雪絨花系列　料理鋏

使用方法

廚用剪刀也是十分活躍的烹調器具，如修剪不易用刀子細切的海苔等乾貨，或是剔除雞皮等。

清洗方式

一旦碰觸到食材，就要用清潔劑洗淨並擦乾。有的商品還可以拆解，以方便清洗。

削皮器

靈活運用讓做菜變得輕鬆快速

削皮器的英文是peeler，主要功能是削去蔬菜或水果的外皮，語源peel的意思原本就是削皮。日本常見的削皮器，是在Y字或U字型的前端裝上刀刃。英式削皮器是連刀刃也彎成V字型。

名聞全球的德國Ritter公司創立於1905年，它所生產的削皮器，和公司的歷史一樣悠久。即便如此，在日本，現在還是有用廚刀削皮比較快的人吧。但從快速將皮削得厚薄一致這點來看，削皮器仍略勝一籌。此外，削皮器也可當刨刀使用。

WMF
蔬菜削皮器

WENGER
削皮器

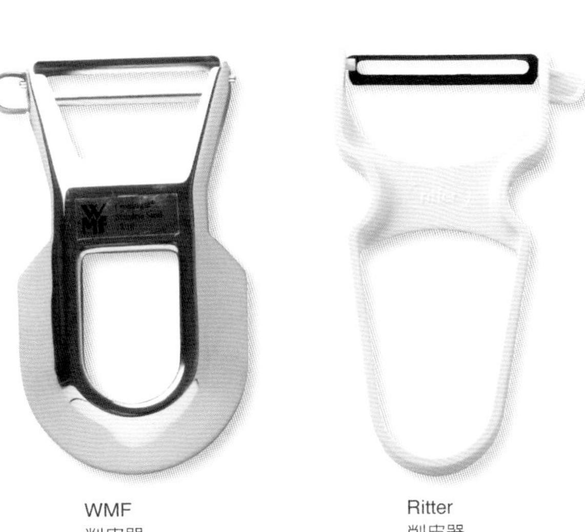

WMF
削皮器

Ritter
削皮器

可當刨刀使用

可當成單手就能操作的好用刨刀。削皮器刨出的小黃瓜或起司等薄片，具有各式各樣的表情，滿有趣的。

用來削牛蒡也很讚

麻煩的斜向刨絲，也能用削皮器快速完成。先以廚刀縱向切劃後，再以削皮器刨成絲。

料理鏟

木鏟

料理鏟的形狀

攪拌有黏性的醬料，建議選擇有孔的鏟子。如果底部也要充分混拌，平鏟會比較好用。匙狀鏟杓，方便盛湯。

因應用途準備數支不同材質及形狀的鏟子

用來攪拌及混合鍋中或平底鍋內食材的鏟杓，最理想的是堅固不彎曲，且導熱沒那麼好的木製材質，如山毛櫸、日本白臘木、楓樹、橄欖樹及栗木等耐水又耐腐蝕的堅硬木材。

在日本，造訪木工興盛的城鎮或是物產展示會等，可以買到手工製的料理鏟。久用後顏色會變深，更添風味，也成為手藝精進的證明。

料理鏟的前端，有圓的、平的、斜的等各種形狀，還有在鏟面上打孔的。配合烹調的料理與鍋具，多準備幾支，分開使用，成為廚房好幫手。

保養方式

使用前先用水快速沖洗，可避免沾附上食材的顏色及味道。

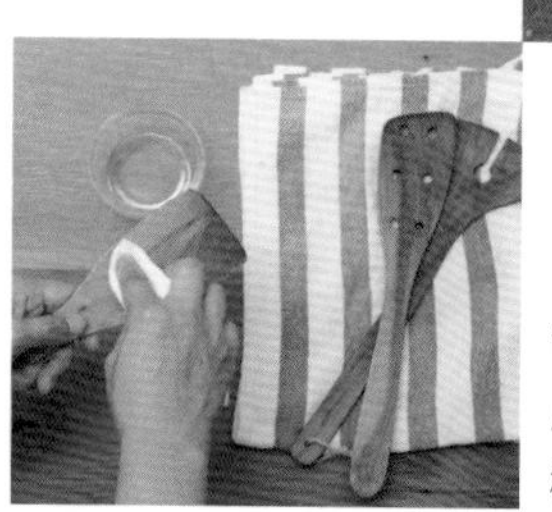

使用過程中，當木頭的外皮粗造起毛邊時，可用橄欖油擦拭保養。

橡皮刮刀・矽膠刮刀

耐熱性高的刮刀，適用各式鍋具

橡皮刮刀是製作甜點及麵包的常備工具，可將調理碗或瓶罐中殘留的食材刮除乾淨，或是翻拌含有空氣的材料。

由高人氣的鑄鐵琺瑯鍋製造商Le Creuset公司，所開發的矽膠刮刀，於1997年在日本登場。不會傷及塗層系列的鍋面、質軟耐熱可煎炒，加上時尚的配色，呈現百家爭鳴的局面。便宜的塑膠製品，有時遇熱會溶化，須避免在熱鍋上使用。

矽膠刮刀

保養方式

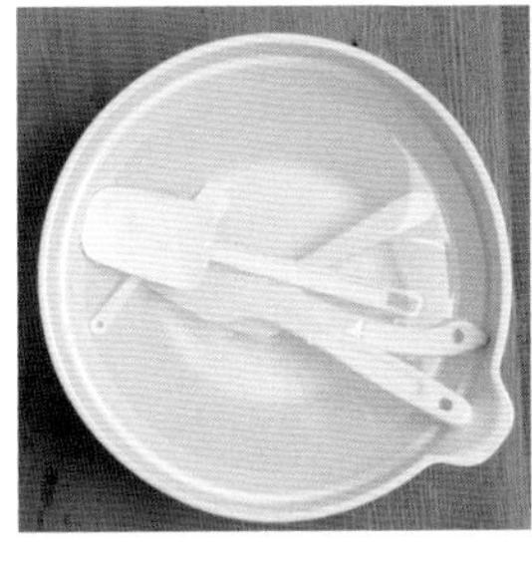

容易附著顏色的矽膠刮刀，建議偶爾浸泡小蘇打水後清洗。

竹鏟

左：工房アイザワ（aizawa）料理鏟（細）
中：工房アイザワ（aizawa）鐵板用鏟（大）
右：工房アイザワ（aizawa）斜面有孔鏟（中）

堅固質輕的好素材

竹子是中國及日本長期愛用的廚房器具材料。不易變形、耐水耐乾燥，保有柔和紋理。在不易沾附料理顏色及輕巧這兩點上，是木鏟比不上的。注意不要靠火太近，以免燒焦。

「在木鏟中看見各國風情。」

真木文絵（童話作家、蔬菜推廣作家）

以蔬菜&園藝類散文作家及演講者的身分活躍於業界。著有《やさい》（蔬菜，幻冬舍education出版）及翻譯作品《エディのやさしいばたけ》（原作為Eddie's Garden: and How to Make Things Grow）等。

「到國外旅行，總是會購買當地的廚房用品回來。」曾旅居倫敦，也曾多次到歐洲旅行的真木小姐說道：「木質的廚房小物由於重量輕，當成伴手禮剛剛好。」

多年前赴義大利旅遊時，受到木紋的吸引而買下橄欖木製的料理鏟。在橄欖樹田中，百年以上樹齡形成的旋渦狀年輪，看來真的很美麗。

橄欖樹不僅果實及油可使用，樹幹也經常用來製作廚用工具。橄欖樹的硬度適中，木紋滑潤，既不像松樹（花旗松）那麼柔軟，也不似北歐白樺樹有點白過頭。「法國人及義大利人在使用深煎鍋（Saute Pan）製作醬汁時，木刮杓是必備幫手。至於英國人，總的來說手沒那麼巧，料理偏粗，可能是因為這樣，他們偏好使用木匙。」

至於日本的家庭，則有稱為杓文字的飯杓或湯杓。足見各國的飲食文化，充分展現在調理器具的形狀上。試著從木鏟中感受各國風情，其實也很有趣。

長筷

保養方式

泛黑時可用美工刀等削去黑色部分，再用砂紙或銼刀磨平。用起來的感覺還是很不錯。

竹長筷

不少長筷會用繩子捆綁在一起，一者方便掛起來乾燥，二者可避免遺失另一隻。但有人覺得這樣反而不好用，而將繩子剪斷。其實我也是其中之一。釜

長度不一，用途各異

現在我們熟悉的兩支一組的筷子，是從奈良時代傳下來的，由竹子製成。從日文的筷子寫成竹字頭的「箸」便不難理解。至於「はし」（hasi）的唸法，則是因為筷子在使用時形似鳥嘴（譯注：日語的鳥嘴讀成「くちばし」（kuchibasi）。經常在做菜時現身的長筷，主要用途是「攪拌」、「挾菜」或「裝盤」。

使用順手，不易彎曲變形的長筷是上選。有的筷子前端會加上刻痕，以防食材滑落、有的是使用特別耐熱的木頭製作，還有近年登場的矽膠材質。長度及材質就憑個人的喜好挑選。

挑魚刺夾

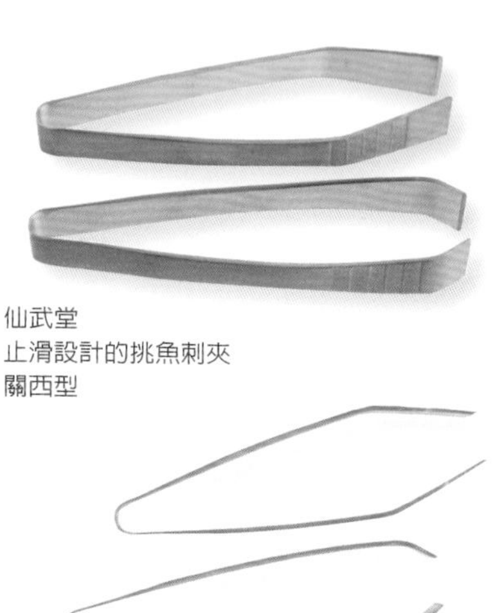

仙武堂
止滑設計的挑魚刺夾
關西型

仙武堂
止滑設計的挑魚刺夾
關東型

關東和關西的挑魚刺夾形狀不同。照片上是關西型，照片下是關東型。

保有適度彈性，不須用力就能輕巧拔出骨頭

挑魚刺的夾子分成類似拔毛夾的彈簧型及鉗子型。一把好的挑魚刺夾，爪尖不會對不準、中途不會讓魚刺斷掉、不會將魚肉剝散、輕輕出力就能拔出魚刺而不覺得累。以廚刀馳名的「GLOBAL」製作的不鏽鋼挑魚刺夾，還能用來剝除加熱後的蔬菜或烤茄子等的外皮，深受世界知名主廚的青睞。

V字夾

代替雙手工作的「最佳幫手」

通常我們要「拿起」、「翻面」或「放置」物品時，最方便的就是用手。只可惜手不耐熱，所以就下功夫設計出能夠代為執行這些動作的V字夾。

V字夾有各種形狀，以便配合將油炸食物翻面、夾出義大利麵裝盤，或是自平底鍋或鐵板夾出肉或魚等不同需求。至於材質，有竹子、不鏽鋼，以及夾取部分採用矽膠等。

SUNCRAFT
尼龍樹脂V字夾

選購方式

除了廚用之外，如果再加上設計感佳的餐桌款，及擺盤用的細長型，就更方便了。

柳宗理
不鏽鋼V字夾

仙武堂
燒肉V字夾

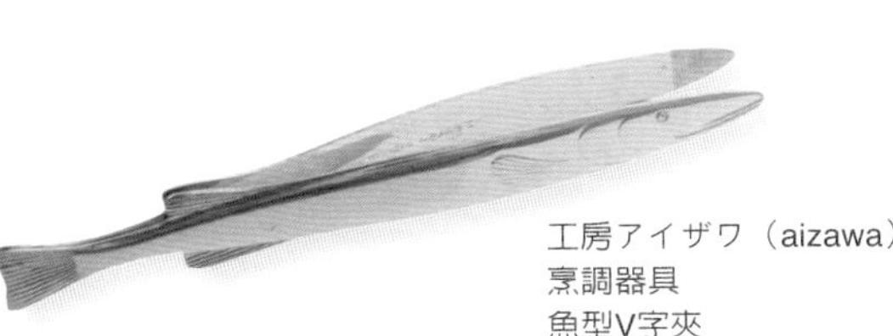

工房アイザワ（aizawa）
烹調器具
魚型V字夾

魚型V字夾

介於挑魚刺夾及V字夾的小道具。
造型可愛，做起菜來心情也愉快。

清理方式

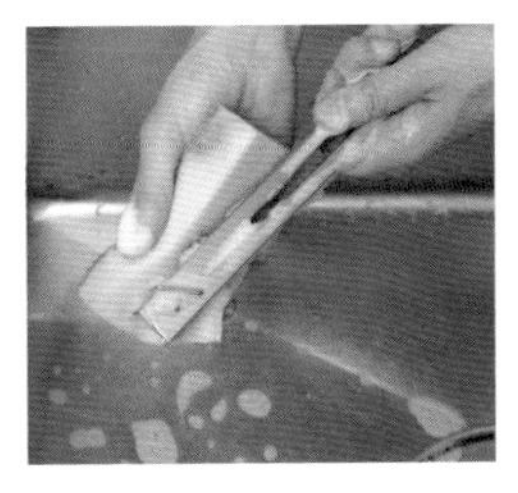

在清洗V字夾時，很容易漏掉手握的地方。其實它和取夾食物的部分是相連的，還是要一併洗淨。

濾油煎鏟

在設計上下足功夫以求提升實用性

大體來說，煎鏟和木製料理鏟及橡皮刮刀是同家族的。只是煎鏟特別偏重在將油炸或煎炒的食物翻面、混合。

為因應不同用途，煎鏟在好用度上下了不少功夫，像是中式炒鍋專用、在握把及鏟面做出角度、鏟面鑿孔、僅鏟面前端呈現角度、方便將鍋中汁液淋在食材上等。材質有不鏽鋼、不沾塗層系列及尼龍樹脂等。

柳宗理
奶油攪拌鏟（Butter Beater）

WMF
尼龍樹脂煎鏟

選購方式

根據手邊的平底鍋，挑選適合的材質。照片左為軟質的尼龍樹脂，不會刮傷鍋面。此外，耐熱溫度高的產品用起來比較安心。

WMF
煎魚鏟（Fish Turner）

要翻拌什麼食材？

如果喜歡烤魚，廣面煎鏟是一個利器。要滑進鬆餅或可麗餅等薄麵團的底部，適用前端銳薄的煎鏟。

WMF
Profi Plus系列煎鏟

圓湯杓・漏杓

中式炒菜杓

柳宗理
有孔湯杓

柳宗理
圓杓

舀什麼湯品用什麼杓

因為形似滋賀縣多賀大社的無病長壽吉祥物「御多賀杓子」，日本人將圓湯杓稱為お玉じゃくし，簡稱お玉。此外，整隻看起來也很像音符♪的形狀。

圓湯杓主要的用途是「舀取」湯類料理，漏杓則是瀝去湯及油等，「只撈餡料」的器具。

淺底的圓杓也用來拌炒食物。

圓杓握柄的傾斜度、漏杓網眼的大小、材質、尺寸及設計林林總總，根據目的挑選即可。

選購方式

網狀型的漏杓，依網眼大小有不同用途。網眼小的用來撈去浮渣，網眼大的方便舀取油炸或川燙的食材。

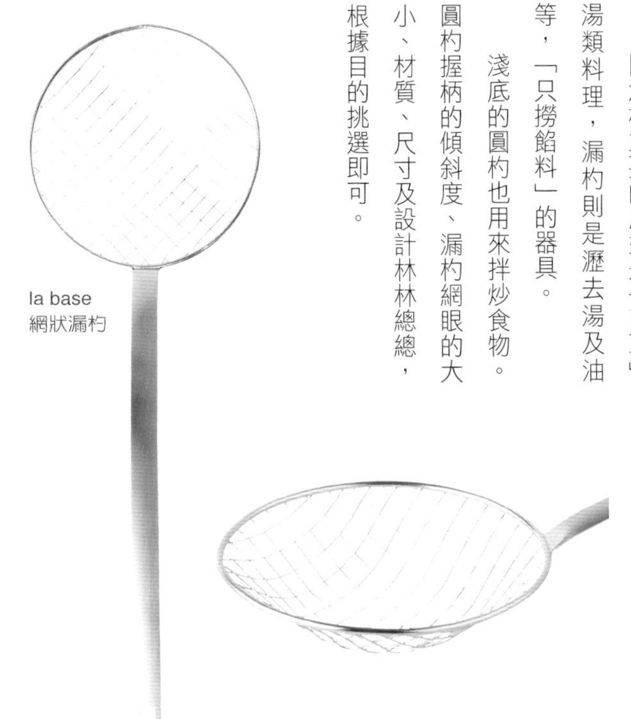

la base
網狀漏杓

當生活型態改變 就是汰舊換新的契機

如果可以，我們也希望烹調器具能使用一輩子，然而料理和生活原是密不可分，5年、10年過去，所處的環境也起了變化。例如，起初是一個人生活，接著結婚、搬家、家庭成員增加，然後人口減少、年齡增長，開始覺得使用太重的器具變吃力了等。

每當有所變化時，最重要的便是重新檢視，然後學會放手。不能再用的、一直都沒在用的，留著也是累贅，不如就下定決心處理掉。接近新品的可以捐出去做公益。更換的原則在好不好清理保養、重量與大小合不合用，至於便宜的消耗品，基本上如有汙損就趕緊加以淘汰。選擇一些能照應「當前」需求的器具吧。

因為工作調動或搬新家，改用IH調理爐的案例增多了。由於無法再邊搖晃單柄鍋邊翻炒，於是變成雙手各拿鏟子，以雙耳鍋炒菜的畫面。生活型態改變，即是烹調器具換新的時候吧。Ⓓ

平底煎鍋

使用壽命因材質及使用方法，呈現很大的差異。有加工塗層的鍋具，一旦塗層剝落，就必須維修或更換。鐵鍋則可修復再用，鋁鍋變形後就變得不好用了。

湯鍋等

大部分換新的原因在於使用者的生活起了變化，而非使用壽命。像是家庭人口增加所以買了口大鍋、年紀大了換成較輕的鍋具等，因應自身需求做調整。

廚刀

廚刀是很難不更替的器具之一。定期請專業人士保養，是可以用得比較久。不過，當刀刃出現晃動，就該思考要不要換新。

刃物供養

要將長年相伴的廚刀丟棄，總覺得可惜與不捨。日本一些縣市或地方，會舉行刀刃供養儀式（譯注：回收後集中，再舉行供養祭），有的可重複利用。可試著調查了解居住所在地的資訊。

長筷

適用任何料理的高消耗品。除了削去前端維持整潔外，也應養成定期汰舊的習慣。

擦拭碗盤的毛巾

擦拭碗盤的毛巾會重複漂白及洗滌，另外，還要備用新毛巾。用舊後可以拿來當抹布，甚至丟棄前還能物盡其用，擦拭特別骯髒的地方。

耳目一新的新年新器具

廚房的消耗性器具，很容易忘了淘汰而持續使用舊東西。要不要試著養成一年除舊布新一次的習慣呢？用鈍的削皮器、附著顏色的鏟杓、長筷及擦拭碗盤的毛巾等，在歲末全面更新，讓廚房在新的一年更加閃閃發亮。

親自握在手中，感受好不好用

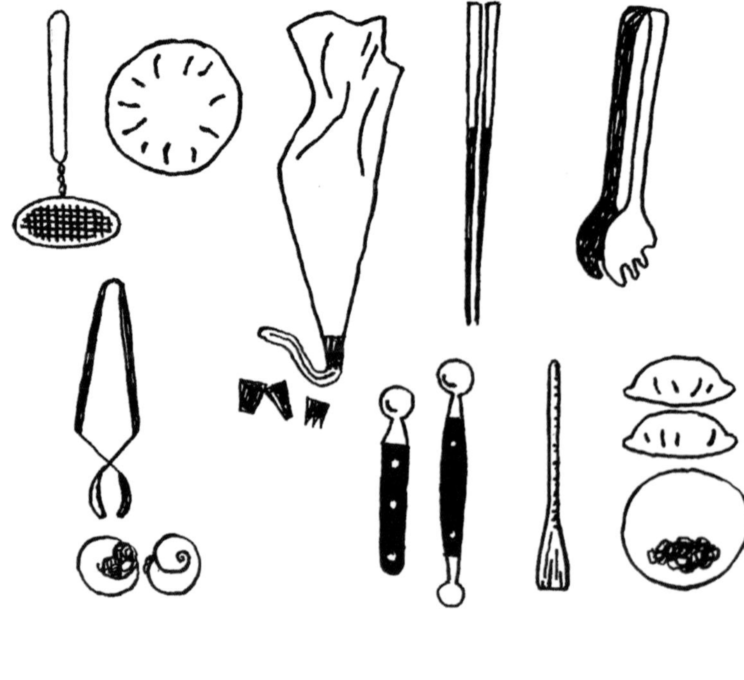

將烹調器具分門別類，比方說提起「煎炒」，就會想起平底鍋或中式炒鍋，以及搭配使用、握在手中的煎鏟。換成「燉煮」的話，就是圓湯杓與V字夾。至於長筷，歸在任一類都OK。

手握器具在烹調時，代替人類的雙手，扛起混合、舀取、翻面、攪拌、夾起等工作。

如果能像完全像自己的手般操作自如，當然是最理想的狀態。

職業不同，講究的手握利器也會有所差異。例如，和食店一定會對用來夾取矢床鍋（無柄雪平鍋）的鍋鉗十分在意。料理研究家或食物造型師（Food Stylist），也許注重的是裝盤的長筷。好的裝盤長筷，前端纖細，但還是能牢牢挾住任何食材，絕不歪斜。對甜點師來說，講究的是裝飾甜點的擠花袋及花嘴、在海綿蛋糕上塗抹奶油的抹刀，以及刷上果醬與洋酒的毛刷。法國廚師執著於將馬鈴薯、西葫蘆（夏南瓜）及水果挖成球狀的挖球器。中國廚師在意包餃子用的木匙等等。

其他如食用法式料理蝸牛時的鍋牛夾、印度油炸麵用的網杓等，不同國家也有獨特的「手握器具」。

有了這些利器，做起料理變得輕鬆愉快多了。

作業容器與保存用容器

調理盆、托盤及保存容器等

調理碗・托盤

野田琺瑯調理盆

附網架的托盤

前置作業的必備用具應多準備幾個

說到調理器具，煎鍋及湯鍋往往最受矚目；但事實上，調理碗、托盤及篩網等用品也是不容忽視的配角，尤其在前置作業中更是不可或缺。

不論是「攪拌」、「搓揉」、「沾附」、「盛放切好的食材」、「冷卻」或「儲存」，調理碗樣樣都能派上用場。至於平底有邊角的托盤，除混合及搓揉這兩項較不好用外，其他功能大致相同。另有方便瀝油的附網架托盤。

儘管尺寸、重量、耐熱性、形態及材質多到令人眼花撩亂，原則上前置作業要用的器具，與其選擇一個，購買同款但多種尺寸的作法，反倒會更實用。

正因為是很簡單的道具，所以要盡量比較試用，找到最好用的。

「調理碗和橡皮刮刀是絕配。」

鈴木雅惠（甜點 & 食物搭配師）

在甜點店服務後進入食品顧問公司，從事商品開發、食譜提案及料理教室等工作，蔬菜顧問師、營養師及飲食指導師。

「調理碗是製作甜點不可或缺的道具。」身為甜點&食物搭配師的鈴木小姐，使用的調理碗為不鏽鋼材質的簡單款式。

專業的廚房，不喜歡使用百麗耐熱玻璃（pyrex）及琺瑯材質的調理碗，因為會有龜裂或破損之虞。「不鏽鋼調理碗也有它的問題。如果打蛋器力道太強，不鏽鋼粉末會混入純白的蛋白霜及鮮奶油。」

即使是簡單的器具，品質確實還是有差。調理碗的好壞，檢視一下碗底的形狀便知道。便宜的商品，底部的曲面是歪的。問題可能出在成型時的精準度。

「調理碗如果少了一支合用的橡皮刮刀，就無法順利作業。」當橡皮刮刀無法貼合調理碗的曲面，就很難攪拌奶油狀的食材，耗費力氣。「橡皮刮刀的形狀和矽膠的彈性，依製造商而異，樣式眾多，不妨多試幾種。」

製作甜點，講究的是正確秤量及準確作業。調理碗的曲面及搭配的道具，須時時保持良好關係。

材質幾乎決定了用途

要進行攪拌與搓揉作業的調理碗，必須具備一定深度、堅固又能穩定置放。英國或法國都有具代表性的陶製調理碗。

鋁製的適合混拌醬汁、甜點及奶油等材料，只是搭配金屬製的打泡蛋器，容易褪色，宜改用木製或塑膠材質的打蛋器具。

有著不易損壞、衛生、容易收納等優點的不鏽鋼製調理碗，深受專業人士愛用。熱傳導率高，耐得住急速冷卻或急速加熱。

la base
不鏽鋼方型托盤

柳宗理
不鏽鋼調理碗

① 材質

調理碗與托盤多半採用容易保持衛生的材質。了解這些材質的特性後，再挑選中意的款式。

柳宗理
不鏽鋼調理碗及不鏽鋼濾盆

不鏽鋼

堅固、極耐酸鹼、味道不易附著。汙垢以不鏽鋼去汙劑刷即可洗淨。

琺瑯

適合不喜歡沾附金屬味的食材。耐酸鹼性佳，味道不易附著。只是不耐碰撞，且塗層可能龜裂或剝落。

野田琺瑯
調理碗

玻璃

如果是耐熱玻璃，微波爐及烤箱都可以用。適合不喜歡沾附金屬味的食材。稍重、不耐碰撞。

Arcoroc empilable
stack bowl

② 收納

為了讓調理作業順利進行，通常會準備好幾個調理碗及托盤。由於使用頻率高，最好放在可隨手取得的地方。宜選擇可疊起不佔空間的款式。

③ 款式

淺型的調理碗，單手拿著比較容易，用來暫放準備好的食材也方便。使用深型攪拌食材，不易濺出。先想好要進行什麼料理作業再下手購買。

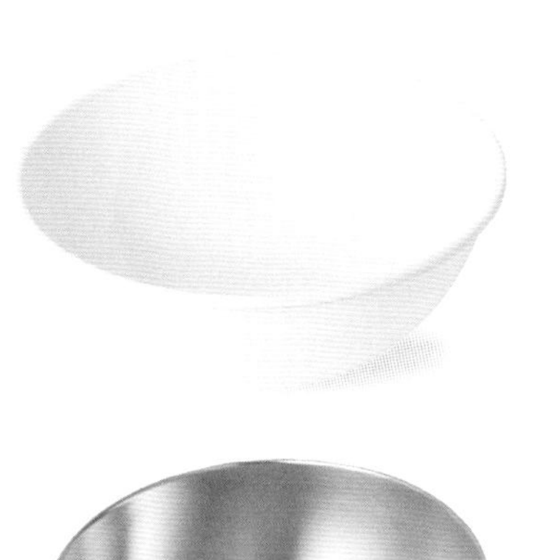

小碗用來醃漬

小一點的調理碗放進冰箱較不佔空間。需要經過「冷藏」工序的食材，用小碗或小托盤盛放。將剩餘的蔬菜切小塊放入小調理碗，拌鹽後用盤子壓住，淺漬半天，簡單好用。

大碗可當洗滌籃

用裝水的大調理碗清洗蔬菜，比放在流動的水下清洗更有效率。抓住容易推積汙垢的葉子、蒂頭或根部，邊晃動邊在碗中清洗，然後放至套上濾盆的調理碗內，瀝去水分。

玻璃材質可用來漂白，琺瑯可以煮沸

玻璃調理碗是漂白碗盤毛巾的便利工具。琺瑯則因為可直火加熱，用來煮沸殺菌一些小器具也ＯＫ。選購時，記得將調理碗或托盤放在平坦檯面，確認穩定度。

使用玻璃大碗自製美乃滋

蛋是容易因為金屬味而變質的食材，所以用打蛋器自製美乃滋時，搭配玻璃調理碗比較不易搞砸。蛋黃兩顆，以鹽及胡椒調味，邊攪拌邊放入1/2大匙芥茉醬及1大匙醋，再緩緩倒入1杯油。

組合活用

為了提升托盤鋪放食材、調味、瀝水瀝油、急速冷卻等前置作業的效率，出現了附加蓋子及濾網的產品。如此一來，放置食材的托盤能疊起來，或不必包覆保鮮膜就能放入冰箱。對於空間有限的廚房助益良多。

la base　不鏽鋼方型托盤
la base　不鏽鋼方型濾網
la base　不鏽鋼方型淺盤

留意溫差

托盤有時要放入油炸物，有時又要擺進冷凍庫，溫度的落差成為一項嚴酷考驗。就材質而言，玻璃及琺瑯不耐急遽的溫度變化。請考量作業需求後，再行購買。

野田琺瑯
托盤

想看見顏色的前置作業宜用琺瑯材質

當調味料不只一種，例如以香草、油、鹽及胡椒醃漬食材時，托盤是個好用工具。尤其是白色琺瑯製托盤，方便一眼看出盤中已經放了哪些調味料。

篩網

la base
不鏽鋼方型過濾盤

不鏽鋼篩網

堅固、耐水性強，當濾網使用也OK。網孔分成在鋼板上鑿孔和以鋼絲編製兩種。後者的瀝水效果較佳。

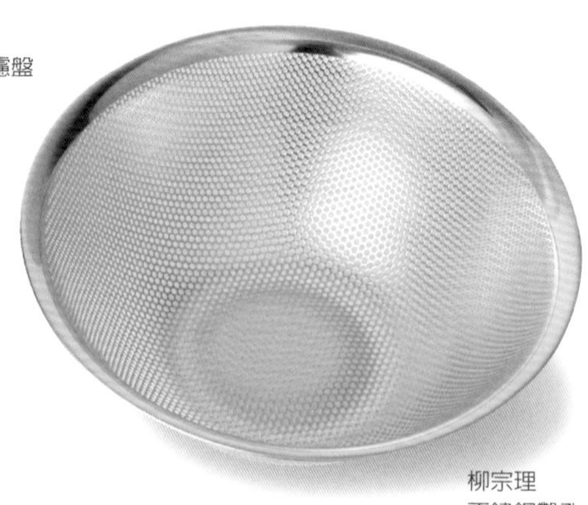

柳宗理
不鏽鋼鑿孔式過濾盆

附握把的篩網

附握把的篩網用起來方便。搭配調理碗及鍋子，瀝出熬煮的湯汁，或是將麵打濕，都很容易以篩網取出。可吊著收放，取用更便利。網孔大的瀝水效果佳。

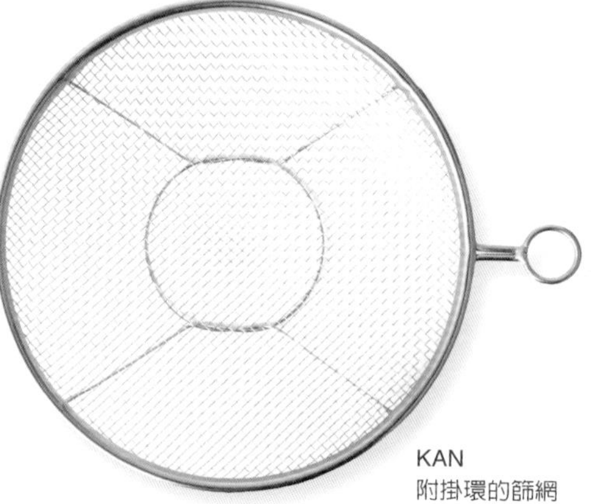

KAN
附掛環的篩網

變身瀝水籃

不鏽鋼濾盆也可當瀝水籃使用，將清洗好的V字夾、長筷及量匙等置於盆中，瀝去水分。

用老式竹篩瀝水，呈現不同滋味

說到竹篩，會不會聯想到蕎麥麵呢？日本的竹篩蕎麥麵，一般認為是江戶時代中期，位於東京深川的「伊勢屋」，以竹篩盛放蕎麥涼麵而延續至今。

篩網原本是指以細薄竹條編成網狀的竹篩。竹製工具的歷史悠久，在繩文時期的遺址出土物中即可見到。現在除竹篩外，鋼絲編成的金屬製品、合成樹脂製品，以及有許多細小網眼的濾籃與沙拉脫水器等也日益普及。

篩網的主要用途是「瀝水」及「過篩粉狀食材」。

竹篩

竹篩自古就頻繁穿梭在日本的廚房內。由於竹子本身能夠吸收水分，可將煮好的蔬菜及麵等的水分充分瀝乾，吃起來不會水水的。將料理直接盛放在竹篩端到餐桌，另有一番氣氛。

竹篩、砧板及蒸籠等木製器具，最重要的是置於陽光下晾乾。含有水分放著不理會是錯誤的。就像曬衣服一樣，烹調器具是不是也應該養成晾乾的好習慣呢？釜

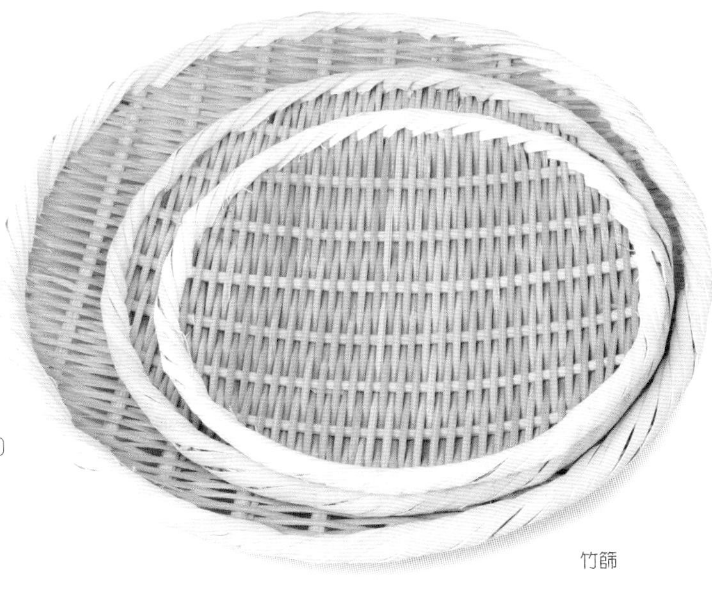

竹篩

貝印　chef'n
沙拉脫水器

沙拉脫水器

利用旋轉的離心力，脫乾水分的器具。柔軟的蔬菜也能毫無損傷確實瀝乾。如果想要製作口感清脆的沙拉，就一定要試用看看。

保養方式

以清水及柔軟的棕刷清洗。瀝去水分後陰乾。

美味的關鍵在瀝乾水分

新鮮沙拉的清脆爽口，來自於蔬菜脫水後創造的口感。而將麵類的水分及早瀝乾，也很重要。一旦殘留水分，嘗起來會變得軟爛不脆口，平白浪費辛苦製作的料理。專業人士愛用。

保存容器

野田琺瑯
長方深型保鮮盒
附密封蓋

Cellarmate　透明玻璃罐

選購方式

從陶器到樹脂，掌握各種材質的特性

保存容器的種類多到不可勝數。大體可區分為「保存豆類或義大利麵等食品」、「保存已經調理好的料理」及「存放果醬等可長期保存的食品」三大類。

說到日本舊時的保存容器，那就是甕了。

在陶瓷器發達的中世紀，儲存與搬運用的甕、壺及研磨缽等成為窯業的中心，也是廚房的必需品。

隨著稱呼由原本的「灶腳」變成廚房，越來越多人使用塑膠、不鏽鋼、琺瑯、玻璃及合成樹脂等輕巧好處理，又不易沾附味道的收納盒。

食材的保存

挑選材質

存放料理，宜選用琺瑯、不鏽鋼或玻璃等耐水及耐酸鹼性的容器。重新加熱時，能否使用微波爐或直火，也是考量重點之一。米、豆子及乾貨等使用頻率偏高的食材，最好使用蓋子容易打開的容器。

玻璃容器可加熱殺菌，是長期保存食品的必需品。存放果醬及手工調味料的需求持續增加中。常備菜（指預先做好放在冰箱冷藏或冷凍的菜餚，需要時再拿出來回溫解凍，吃涼的也OK）則以琺瑯容器較受歡迎。另外，容不容易放進冰箱也是一個重點。Ⓚ

OXO pop container（按壓式密封保鮮盒）
小尺寸方型

ARCOROC big club（廣口玻璃保存罐）

清洗方式

保存義大利麵與豆類的容器，要養成定期清洗的習慣。將可拆解的部分一一拆開，用清潔劑及海綿刷洗乾淨，再充分乾燥。

保存訣竅

不論是常備菜或乾貨類，都應養成在容器上標示日期的習慣。以便構思菜單時，能靈活運用這些保存的食材。

WECK
TULIP SHAPE
（鬱金香造型玻璃保存罐）

WECK
TULIP SHAPE
（鬱金香造型玻璃保存罐）

WECK
MINI MOLD SHAPE
（迷你口杯形保存罐）

食品保存首重衛生

從無冷藏技術的時代發展至今，人們從未停止製作保存食品。在保存食品的配方中，充滿了祖先們凝聚當令美味的智慧。

在愉快製作保存食物的同時，特別要注意衛生。容器必須充分煮沸消毒，並以適當方式加以密封。徹底消毒後，有時甚至可保存數年，但若未消毒完全，便會成為發霉的原因。

抽掉容器內的空氣後密封，稱為「脫氣」，可延長保存期間，且利用家中道具就能做到，不妨挑戰看看。

請選擇喜歡的容器，享受製作保存食品的樂趣。

煮沸

1

煮沸保存容器。將瓶蓋及容器的所有組件放入鍋中，加水、加熱，煮沸約5～10分鐘，進行消毒。

2

以V字夾等由鍋中取出瓶罐，置於乾淨的瀝水籃上自然乾燥。

脫氣

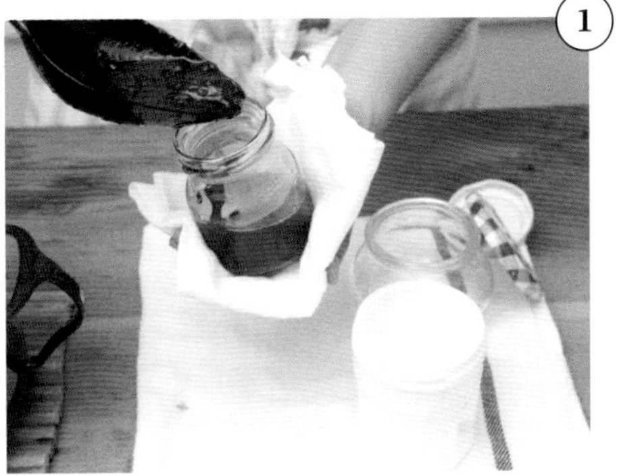

1

果醬趁熱裝進瓶中，約九分滿後蓋上瓶蓋。

2

鍋中倒入約淹至瓶身一半高的熱水，煮沸後放入瓶罐，再煮約20分鐘。

3

旋轉式的瓶罐取出後立刻倒扣，靜置到自然乾燥。

玻璃保存容器有的有附橡皮圈、有的煮沸就能密封，請遵照商品的密封方法操作。

「善用巧思，精準收納。」

堤人美（料理研究家）

活躍於雜誌及電視美食節目等多個領域，並在家中開設料理室。著有《和食義大利麵100》（主婦與生活社）等。

平時備用的味噌
左：京都白味噌。清爽系列
右：信州味噌、富山豆味噌、京都赤味噌

「依保存食品的特性，挑選容器的材質。」料理研究家堤小姐如此表示。例如，放入冰箱的常備菜，如果使用白色琺瑯保鮮盒，就可以直接端到餐桌上。

「因為看不到內容物，收納時要記得貼上便利貼喔。」琺瑯保鮮盒疊放在冰箱架上不會倒下。容器有適度重量反而容易處理，洗後能保持乾淨也是一個重點。

「植物香料等用量少的食材，以濕的廚房紙巾包住，再放入琺瑯保鮮盒，保存期長的有些教人吃驚。」或許因為容器是冰的，即使拿進拿出，溫度的變化也不大，因此提高了保存性。豆類等乾貨使用塑膠螺旋蓋，輕巧好用，搭配玻璃瓶身，裡面裝了什麼一目瞭然。

「我特別在意的，是容器要適合收納空間的高度。」做料理很重視作業效率，存放香料的容器蓋上，全部要黏貼寫上名稱的貼紙。

「特百惠（Tupperware）的密合度是最好的。」味道重的味噌，就存放在這個牌子的保鮮盒內。堤小姐的食品收納顯得有條不紊。不只考量容器本身的功能，配合用途靈活運用，或許才是學會良好保存方法的第一步。

花椒

養成良好的保存習慣

日語辭典對「保存」一詞的解釋是「維持原有狀態，存放於一旁」。

以食品來說，首先最重要的是要保存什麼，然後再據此挑選容器材質。有的食品及調味料會侵蝕容器，結果不但未達保存效果，反而還因此提早走味。

乾貨不會有侵蝕的問題，金屬、樹脂及樹脂材質的容器都OK。烤海苔及茶，也都是裝在金屬罐中販售。

使用水果酸、醋酸及鹽等調理的食物，宜避開不耐酸的材質。醃泡、醋漬、醃梅子及味噌等，不管是玻璃製、表面是玻璃材質的琺瑯、表面是玻璃再塗上釉藥的瓷製，或是陶甕等容器都適用。

手工果醬最適合放入玻璃瓶罐中保存。若進一步抽掉瓶罐內的空氣（脫氣），提高密閉性，更可能延長保存期限。將當令水果製成果醬送人時，可以用布或紙罩住瓶罐後束起，再貼上貼紙，增添家庭手作的迷人魅力。

保存期限的長短雖因食品而異，但許多食品即使放入冰箱冷藏，仍不宜存放太久，這才是上策。不論是買的、自己做的，都應盡早吃完，並養成根據食量購買或製作的習慣。

烹調時會用到的板子及布

砧板・落蓋・抹布等

砧板

種類

① 材質

如果重視「切」的感覺，還是要用木砧板。我因為有在釣魚，手邊有兩個木砧板及一個塑膠砧板。出乎意料，店內的圓砧板也賣得不錯，是因為手不會碰撞到砧板嗎？ Ⓓ

以刀具店的立場來看，還是天然木製砧板對廚刀才是友善的。具彈性不會傷及刀鋒、耐水性強的砧板最為理想，例如檜木、朴木、銀杏及柳木等材質，但不推薦櫸木。 木

viv
矽膠砧板

塑膠製

基於可以漂白殺菌的衛生考量，料理專家也會使用塑膠砧板。刀鋒的觸面較硬，但近年已有不少商品針對這點做改善。

双葉商店
特選朴木砧板

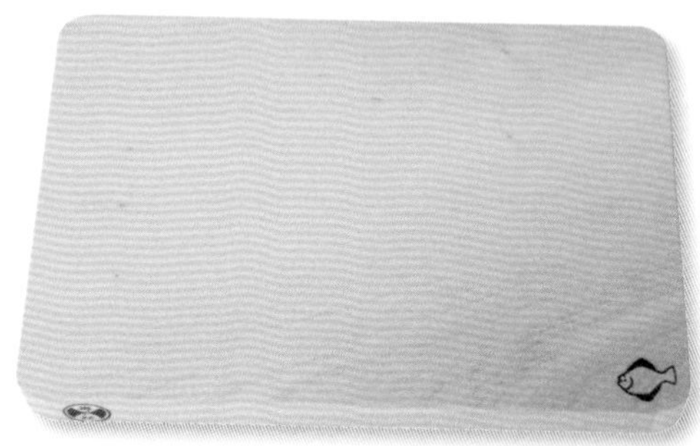

木製

刀鋒的觸面柔軟，對廚刀或是作業的人來說都比較溫和。容易殘留味道或顏色，務必做好清潔與保養，才能保持衛生。

② 大小・重量

通常25×35 cm大的砧板就很好用了，當然還是要配合流理台或工作台的空間做調整。寬度雖然重要，但是長度也要夠，食材才不會掉出砧板外。若嫌木砧板太重，可準備一個輕的塑膠砧板，方便使用。

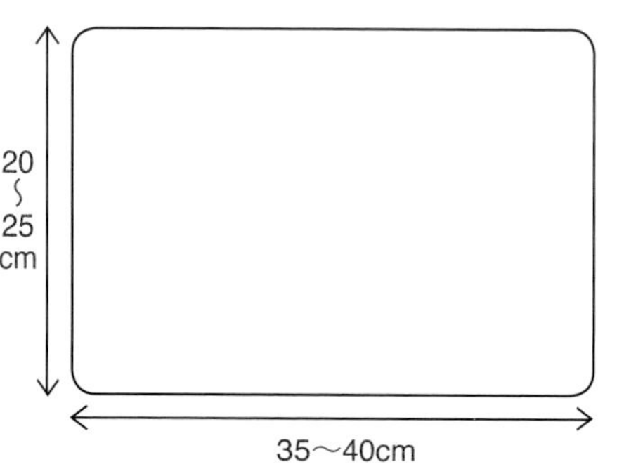

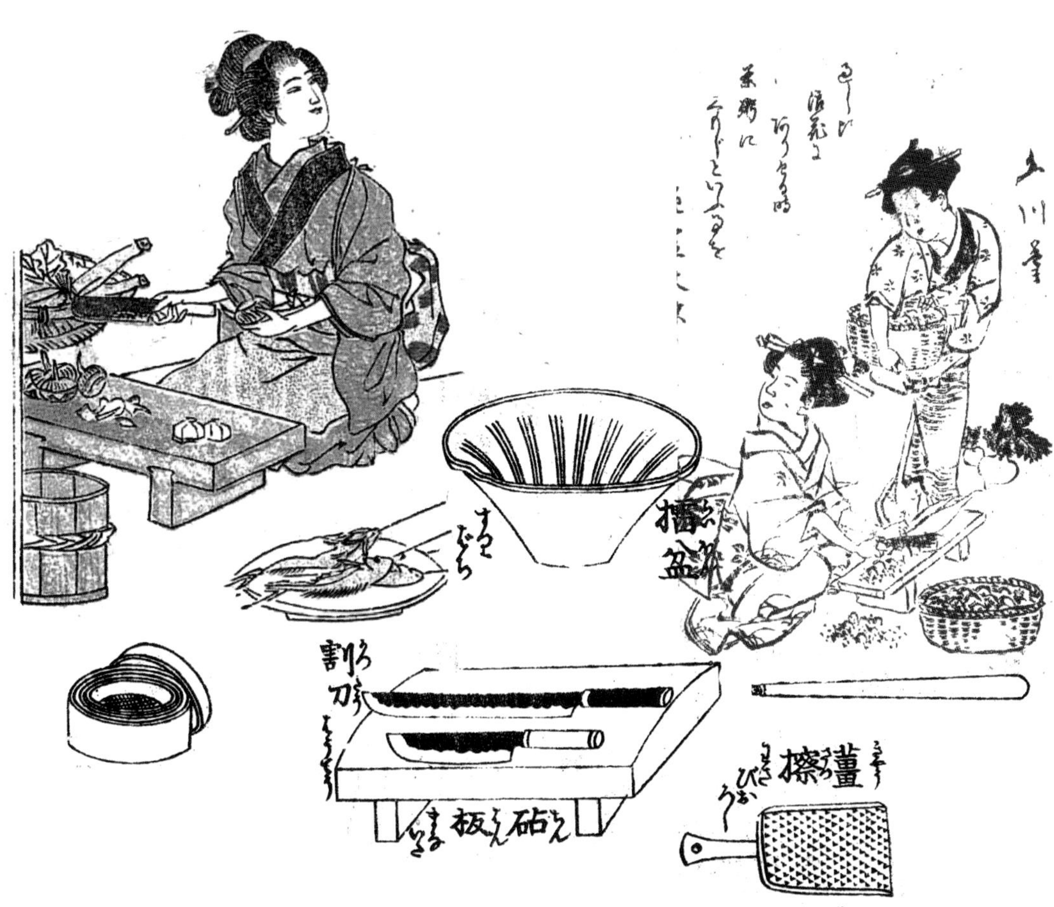

從桌子到砧板，由木頭到塑膠

日本料理店或高級日式餐廳將廚師稱為「板前」，其中的板字當然就是指砧板。在製作料理時，首先要準備砧板與廚刀。這兩樣器具都是從中國傳入，砧板傳入時期稍晚於廚刀，是在奈良時期，當時稱為「切割桌」，因為是坐著做菜，砧板裝有兩隻或四隻腳。

到了明治及大正時期，生活型態改變，拿掉了砧板腳，昭和30年出現塑膠砧板，因為簡單好清理而日益普及，直到現在。

日文的砧板是まな板，まな是什麼意思，說法紛紜，若解釋成「真菜」，就是指魚和肉。砧板並非世界通用的器具，常用的地區大致與亞洲筷子文化圈一致。

木砧板

若是為廚刀著想，不會對它造成負擔的是天然木材，但若考量清理及衛生面，塑膠材質就佔了上風。中式廚刀宜用中式砧板。又厚又重，可使力切斷雞骨頭。釜

木曽檜木砧板
最高級柾目一枚板
（柾目指直木紋或縱斷面木紋）

双葉商店
特選朴木砧板

聚焦木材質

木材不同，硬度有差。推薦檜木及朴木。檜木具殺菌力，容易保持衛生，朴木含油脂，防水性佳。

使用方法

使用前務必用水快速打濕，再將水分擦乾。可防止食材的味道或顏色，沾附在砧板上。

清洗方式

每次要用時，都要迅速沖水。用畢，再以水及棕刷好好刷乾淨。若在意殘留的氣味，可用檸檬沾鹽來回塗抹。

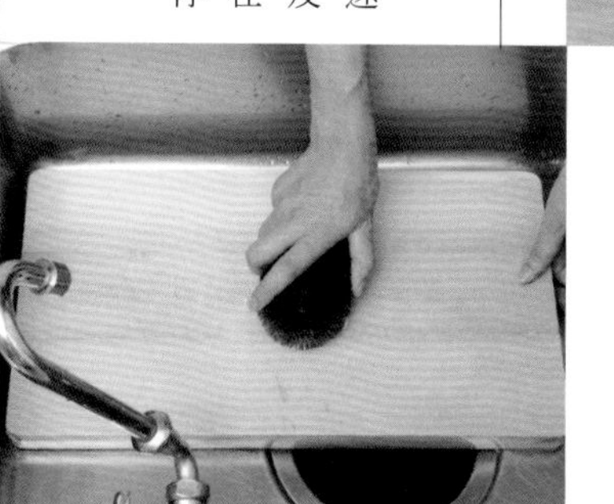

保養方式

砧板洗後一定要立起來放乾。勿直接照射陽光，最後放在通風良好處陰乾。

塑膠砧板

viv
矽膠砧板

容易保持乾淨

除可漂白外，有的商品還能放進洗碗機清洗。不管是處理生吃的食品或是切魚，都能安心使用。

不必打濕就能用

由於不易沾附味道，不必沖水，可直接使用。乾燥食品也能俐落切割。

定期漂白

使用中會沾上顏色或刀痕等，必須定期漂白及殺菌。抹上含氯漂白劑，再用棕刷沾上溫和的廚房清潔劑刷淨。

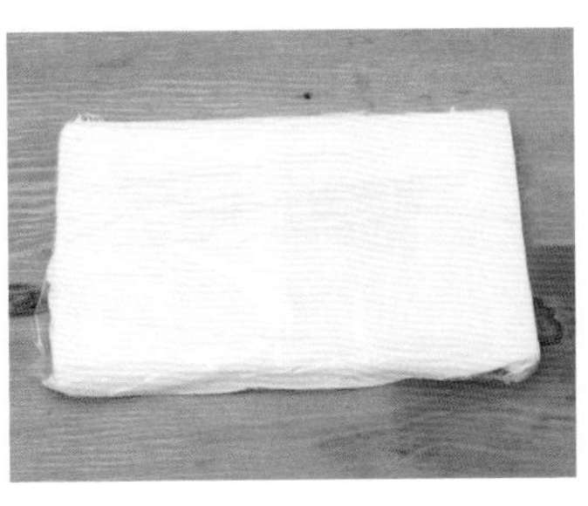

利用價值高的小砧板

除了常用的大砧板外，最好再搭配一塊小且薄的砧板。

切好的材料要直接下鍋、細切少量佐料、分切水果及甜點、接住熱騰騰翻面的煎蛋，這些時候使用小砧板就很方便。

雖然可用洗後展開的牛奶盒或是甜點箱的木蓋代替，但味道重的食材，小砧板用起來還是比較簡便。

落蓋

落蓋要挑比鍋子小一圈的。若家中有和落蓋相同口徑的鍋子，也可當成一般鍋蓋使用。木製落蓋在使用前先沖水，防止味道轉移。釜

木蓋

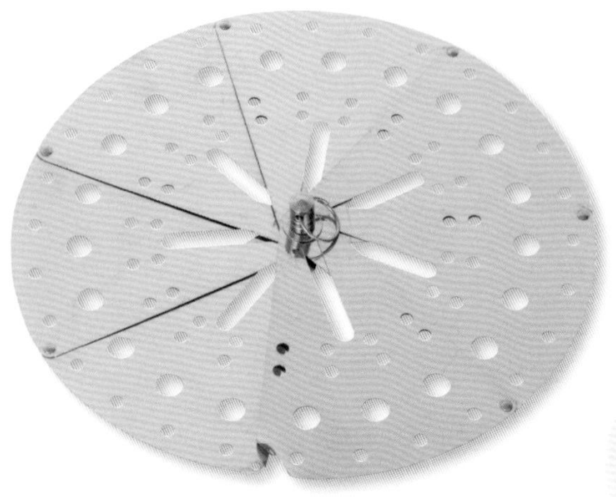

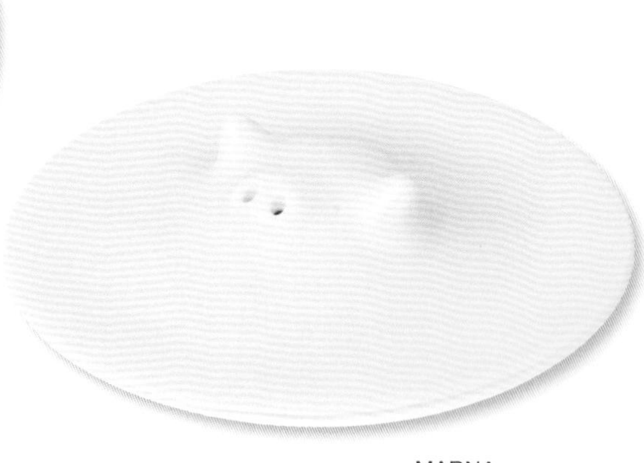

MARNA
豬鼻矽膠落蓋

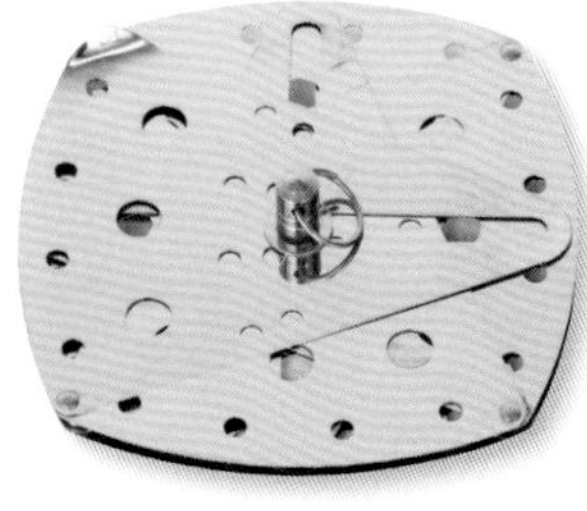

下村工業
Free size落蓋

提升燉煮料理的美味指數

落蓋是指燉煮時直接覆蓋在食材上、比鍋子小一圈的蓋子。如此一來，就算只有少許湯汁，味道還是能完全滲入食材中。同時可防止食材在鍋中浮起，或是煮到形狀散開。

木製落蓋具蓄熱功能、矽膠落蓋保養清潔簡易，近年也有可變換尺寸的不鏽鋼落蓋。

矽膠製品

加熱條件

直火：不可

烤箱：OK

耐熱溫度：200～230度

商品眾多，務必確認各種標示或說明；不可使用烤土司的烤箱

微波爐：掌握瓦數，調整加熱時間

清潔保養

工具：柔軟的海綿刷

清潔劑：廚房清潔劑

注清事項：輕柔清洗

TDI　矽膠墊

viv
矽膠蒸具due系列

矽膠湯匙

高功能素材矽膠受矚目的理由

家中，尤其是年輕世代的廚房內，是不是充斥著刮刀、圓湯杓、鍋墊、開瓶器、便當內用盒、甜點模具及攪拌器具等，很像橡皮的矽膠用品呢？

矽膠是合成樹脂，1940年代，美國基於高耐熱性的特性，將它運用在軍事上。

除耐熱性外，矽膠還具備耐寒性、撥水性、無味無臭、不沾附味道等作為烹調器具的優良特性。

相關商品多如繁星，其中，矽膠墊比想像中好用。其他如矽膠製鍋具隔熱手套、鍋墊、防滑開瓶器等，應用範圍十分廣泛。

市面上有一種價格非常便宜，特性和矽膠十分相似，俗稱合成橡膠的彈性體（elastomer）製品，其耐熱溫度遠不如矽膠，一定要詳閱說明書。

抹布

幾乎人人都會用到的小布片

抹布的歷史並不是太明確，有一說是源自佛教用語「鉢巾」（抹布和鉢巾的日文讀音相似）。鉢原本是僧侶們盛放食物的容器，擦拭鉢的布就稱為鉢巾。

昭和時期，廚房洗滌槽旁的抹巾架上，一定會掛著抹布。

抹布除「擦拭餐具」外，還有許多用途，雖然只是一片小小布塊，卻為生活帶來大大的便利性。

選購方式

不厭其煩地試用比較 找到愛用的抹布

大家認為抹布最好要日曬乾燥，也因此在日照不佳、通風不良的地方場所，使用抹布掛架的人變得越來越少。或許也和烘碗機的普及有關。

儘管如此，抹布的種類還是不斷增加，像是華夫格布、和太布及蚊帳布等布料的抹布，再加上國外進口的產品。吸水性、易乾性及尺寸也各有不同。

無印良品
蜂巢布料抹布

蜂巢布

立體編織的棉布。相對於薄度，吸水性很高。充分吸水後又乾得很快。雖然同是棉布，織法不同，性質也有差異。

白雪抹布

蚊帳布

棉與嫘縈混紡。原本是用來製作蚊帳的布料。兼具棉布的結實與嫘縈不易積存汙垢優點的良品。

FROSCH　海綿抹布

海綿抹布

卓越的吸水力，可當成瀝水器的盛水盤或蔬菜脱水器使用。切成小塊也不會綻線，還可煮沸消毒。

使用前

買來的抹布，在使用前先用溫水清洗，洗掉漿糊等。未包起來販賣的抹布，有時會沾附灰塵等，建議最好洗後再用。

清理方式

使用後加廚房清潔劑，在水盆或調理碗中清洗。好好搓洗，最好再以太陽曬乾。並定期以含氯漂白劑除菌。

重複利用

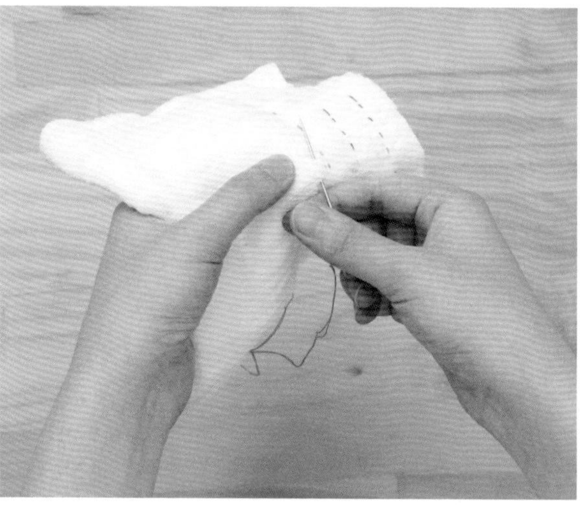

抹布一定會用髒，經過不斷漂白有的會綻線。建議將綻線的餐具擦拭布，當成一般抹布使用。可直接使用，若要避免和其他抹布混淆及增加堅固度，縫上顏色易辨認的縫線做記號。

漂白布

吉田織物
吉田漂白布

除擦拭外在烹調上也很活躍

將用來染色的木棉布或麻布泡水漂白，就成了漂白布。

不只用來擦拭餐具，拭乾食材水氣、鋪在蒸具內或覆蓋在上面。或是以沾濕的漂白布取代保鮮膜覆蓋在食材上，防止乾燥。

另外，日式料理中有不少工序，必須藉助漂白布才能完成，例如製作蔥絲、搗碎芝麻、蘋果汁、和菓子茶巾絞及壽司茶金鮨等，都需要用到抹布。

用畢立即以清水搓揉，並盡可能曬乾。若有難洗的汙垢，加清潔劑一起煮沸。真的用舊了，就改當一般抹巾，物盡其用。

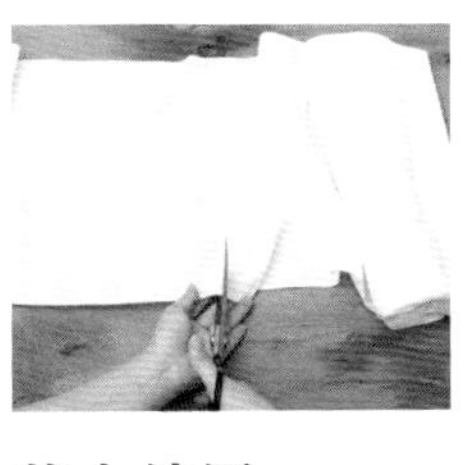

裁小使用

因材質而異，1反（日本計算布的單位）的漂白布大概是11公尺長，可裁成約25條45公分的一般抹布大小。另可配合目的裁剪，布邊不處理不會影響耐用度。

包覆蔬菜

將細切的洋蔥或青蔥以漂白布包住，在水龍頭下沖水，可快速擠出辛辣味及水分。

冷卻便當內的飯

米飯裝入較淺平的容器內，上面覆蓋沾濕的漂白布，可讓米飯盡早冷卻，但又不會變得太乾。

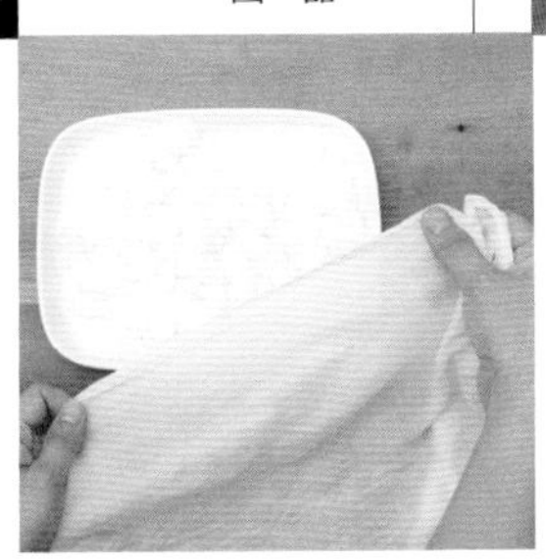

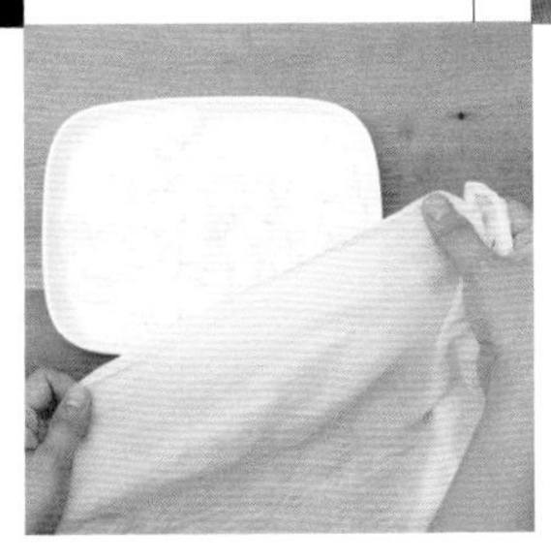

洗淨漆器

柔軟的漂白布，可溫柔對待包覆塗層的物品。先以沾上清潔劑的漂白布洗滌，再以乾的漂白布擦拭。

進口抹布

實用性超高的大尺寸進口抹布

比起日本的正方形抹布，進口抹布不但尺寸大，顏色及圖案也繽紛許多。

原本擦拭碗盤的廚房布，用途更多樣，包括餐桌上的演出。事先多準備幾塊，簡便又好用。

水槽附近動不動就變得很雜亂，蓋上一塊富設計感的布，不但有遮掩效果，心情也不由得鮮活起來。擦拭玻璃杯用１００％麻布，平常用半亞麻及棉製品。

麻布

清潔方式
放入洗衣機清洗

清潔劑
不含螢光劑的商品

整燙
抖平縐褶後曬乾；若要整燙，要在尚未全乾前進行

棉布

100%純棉，特色是色彩明亮的美麗編織。吸水力強，十分結實。

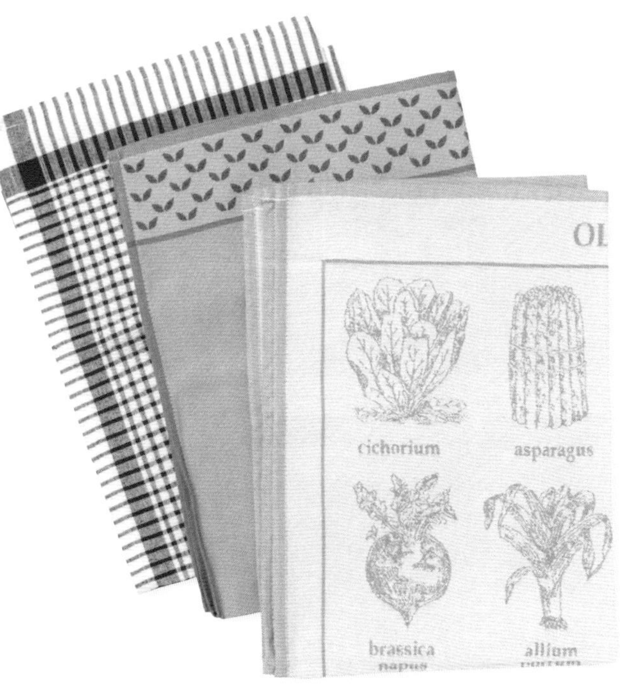

Sentens 廚房布

說到布，亞麻仍是首選。可以擦得很乾淨，不殘留水滴痕跡。外國製的布尺寸較大，而亞麻乾得快，從這點來看也值得推薦。Z

麻布

吸水力強、乾得很快。且越洗越柔軟，觸感越好。散發清新感的百分之百麻布。

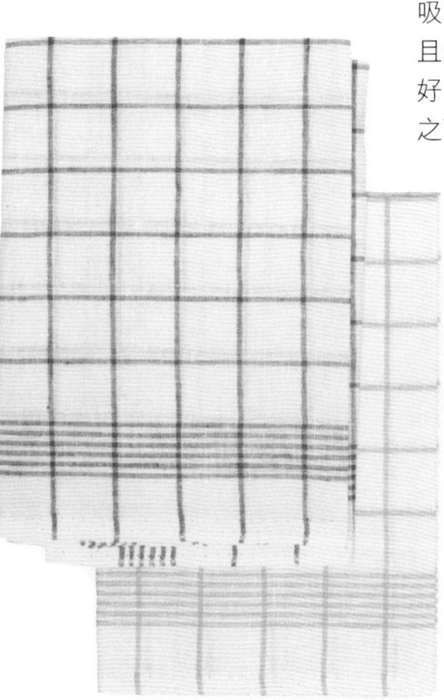

Kracht 亞麻布

「抹布的觸感及吸水性是很重要的」

堤人美（料理研究家）

活躍於雜誌及電視美食節目等多個領域，並在家中開設料理教室。著有《和食義大利麵100》（主婦與生活社）等。

擦手巾、廚用毛巾、抹布，全都只是一塊布。不過，使用方法不同，感受到的魅力也大不相同。

COUCKE
「VITESSE　平織亞麻廚房巾」

COUCKE是法國亞麻生產商。原本是過濾果醬用的布。質薄、可輕鬆使用是一個優點。我用它來擦拭餐具，因為用得太頻繁，變成破破的樣子，但實在捨不得丟掉（笑）。

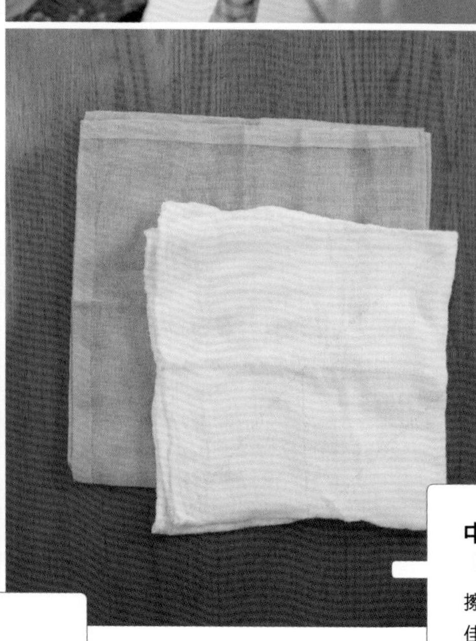

LIBECO 比利時
「confiture」

LIBECO是比利時品牌。小尺寸的亞麻巾夾在餐具間很方使。

中川政七商店
「花抹布」

擦拭餐具用／觸感佳，吸水性也好。

各種抹布

左：LES TOURISTES
右：テレサ綠色

擦手巾

可放心地當成清理瓦斯爐附近的廚房抹布。質地扎實的比較好用，百圓商店購買的太薄，不適合。

廚用毛巾

用來擦拭餐具。

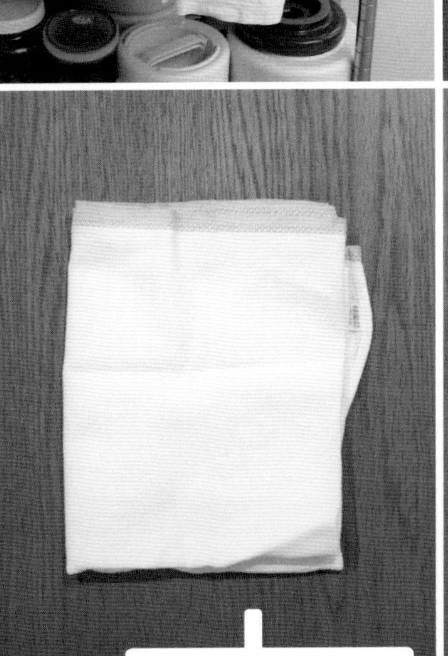

日東紡「抹布」

抹布的經典款。扎實、柔軟、不沾細毛，真的非常好用。

中川政七商店 麻質毛巾

稍厚，吸水性佳，最棒的還是觸感。當成擦手巾。

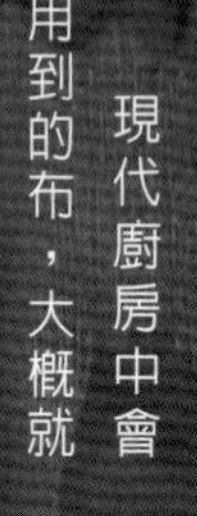

從環保觀點重新檢視布的角色

現代廚房中會用到的布，大概就是抹布及毛巾吧。

從前，「布袋」是多用途的優秀廚房用品。

首先是當成存放工具，像是用來裝米、麥、大豆、黑豆等豆類。但米現在有了附計量器且可以收納於隙縫空間的瘦長型儲米箱。

此外，榨汁、過濾、熬煮或煎藥時，布袋也都能派上用場。有人生病，可用布袋擠蘋果汁。由於是要吃進腹中的食物，一定要用乾淨的布袋。應該是購買整匹漂白布回來做的吧。現在則大多改用果汁機，想更輕鬆一點，有人覺得不如就到便利商店，買百分之分的純果汁來喝。

過濾水也可用布袋。見過地下水或水龍頭的出水口套著布袋嗎？目的就在過濾金屬氣味，等同現在常用的淨水器。

在這個便利的年代，不管是用過就丟的廚房紙、各種大小的塑膠袋、過濾茶或高湯用的小袋子，隨時可在超市或便利商店買到。

方便、簡單固然很不錯，但愈來愈多人開始思考，是否因此而忘了更重要的事物。或許現在正是一個好時機，讓我們重新審視可重複清洗使用的布。

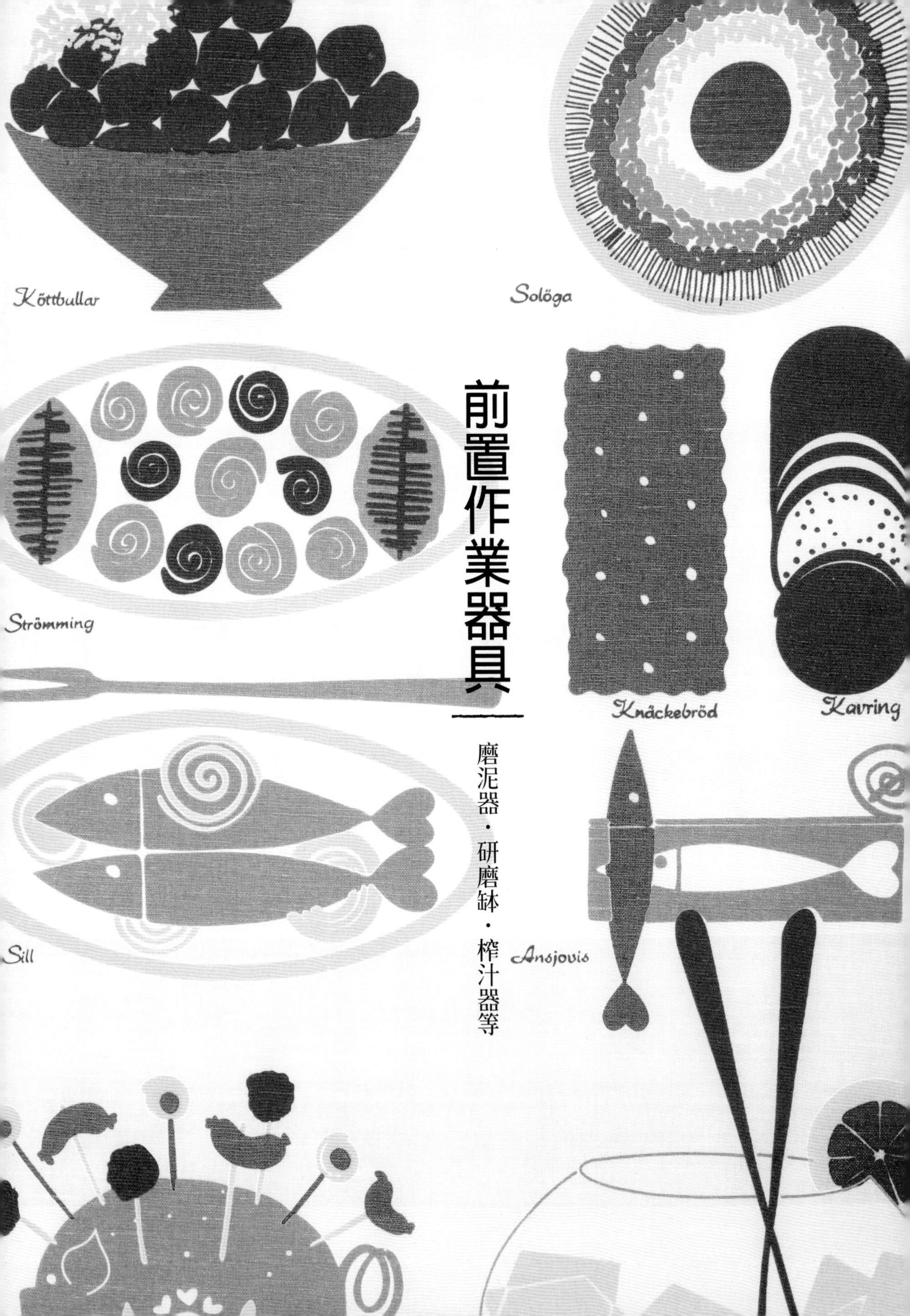

前置作業器具

磨泥器・研磨鉢・榨汁器等

磨泥器

竹製蘿蔔磨泥器

仍殘留沙沙口感的蘿蔔磨泥器。也可研磨蕎麥麵的佐料。

竹製
鋸齒狀蘿蔔磨泥器

和田商店　家庭用
專業磨泥器II

不鏽鋼刀刃磨泥器

不鏽鋼製的刀刃耐用度高。利用彎曲面，稍用點力就能磨成泥。

京瓷
陶瓷蘿蔔磨泥器

陶瓷磨泥器

圓形的研磨面，以畫圓方式磨蘿蔔。是輕鬆不費力的好幫手。

磨泥是自古就有的烹調方式

室町末期，出現了生魚片沾芥茉醋食用，將蘿蔔泥鋪在魚上的「雪鱠」料理。之後，食材「磨泥」便普及且扎根於江戶時代的佐料、涼菜、湯及燉煮食物等庶民料理中。磨泥器具也從陶製圓盤，發展出多種形狀及材質，如羽子板型（日本過年遊戲羽毛毽子的拍擊用長方形木板）、金屬、鮫魚皮等。

食物磨泥後變得更容易食用、消化及吸收，有的食材連皮一起吃，還多了保留營養的優點。一般認為，將根莖類蔬菜磨泥生吃，是日本特有的調理方式。

醋酒粕泥（しもつかれ）

日本栃木縣的鄉土料理。將白蘿蔔泥、胡蘿蔔、炒大豆及鮭魚頭一起燉煮，再以酒粕調味。

選購方式

依食材特性與研磨粗細度靈活運用器具

食材的研磨，粗細不盡相同，例如蘿蔔磨粗一點、山葵與大蒜之類的小食材磨成細泥。磨泥器具各式各樣，包括竹製蘿蔔磨泥器、陶製磨泥器、鮫魚皮磨泥器，以及近年問世的塑膠及陶瓷材質等。

針對食材特性與研磨的粗細度善用器具。若講究一點，務必準備一只手工打造的銅製磨泥器，讓做菜手藝更上層樓。

鮫魚皮磨泥器

用來磨山葵，可磨得又細又綿。

鮫魚皮磨泥器

大矢製作所
銅製研磨器

銅製磨泥器

鍍錫的銅製磨器。工匠研磨打造的銳利尖齒，磨出的蘿蔔泥十分細緻。

大矢製作所的銅製磨泥器，充分展現工匠的精湛手藝。手工打造的微妙尖齒差異，在研磨時會有一種特別的鬆軟感。銅有不易沾附味道的優點，使用後請充分保持乾燥。釜

清洗方式

容易黏附纖維，用棕刷好好刷洗，再用水沖洗淨。

磨泥器比一比

比較不鏽鋼刀刃的瀝水式、竹製蘿蔔、陶瓷圓形等磨泥器效果。不鏽鋼的鬆軟、陶瓷的水分稍多、竹製的殘留沙沙的顆粒感。

起司刨絲器

起司刨絲器是製作義大利料理的方便小道具

英語grater是研磨器之意，另外還有一種起司刨絲器（cheese grater），主要用來將固體起司刨絲的器具。有半圓型、圓筒型、各面齒槽都不一樣的四面及六面盒型，以及握把式等形狀及材質。不限於起司，不少商品兼具磨泥、刨絲、切割等用途。

完美一族要求堅持現磨起司。一次多刨一點，如果用剩，冷凍保存，之後再使用於醬汁及湯品上也無不可。

> 起司刨絲器的用途多到令人意外。像是磨薑、磨蒜、削檸檬皮屑。形狀簡約的比較好清洗，收納也容易。值得日本家庭使用。Ⓩ

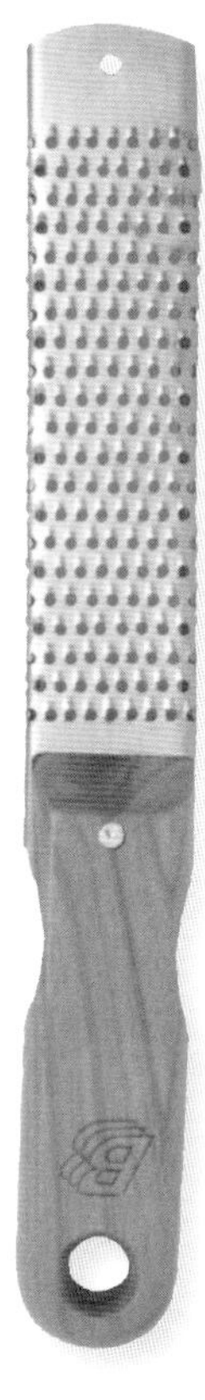

Bianchi
刨絲器S

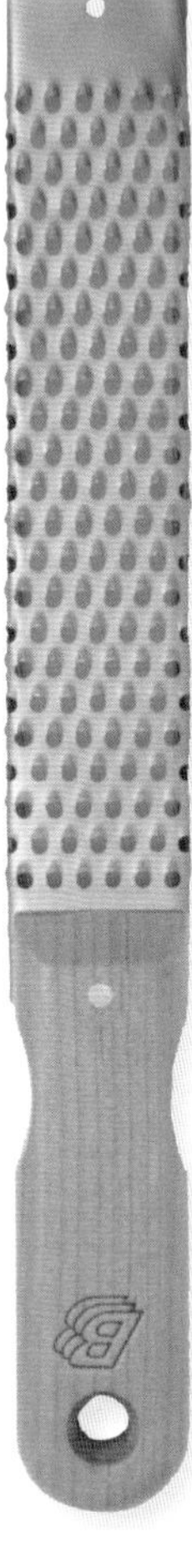

Bianchi
刨絲器L

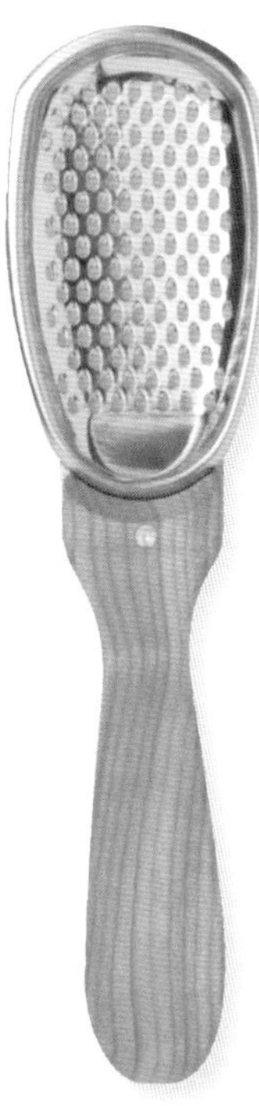

Bianchi
匙狀刨絲器

尖齒粗細不一，適合不同食材。細齒適用堅硬起司，粗齒適合柔軟起司及巧克力。

匙狀刨絲器刨出的絲會留在匙面上。在餐桌上使用也方便。

研磨缽・研磨棒

現磨的特殊風味

遠在石器時代，就可以見到將食材細分搗碎的道具。日本的研磨缽是鎌倉時期由中國的禪僧帶入日本禪寺，開始製作「擂味噌」，催生了味噌湯。室町時期進入全盛期，到了江戶時代，百姓家家戶戶都有研磨缽，成為必需品。

現在雖然食物調理機之類的電動研磨器不斷問世，研磨缽亦不落人後，推出可在桌上使用的時尚迷你款，重溫費工手磨的樂趣。

研磨缽　美濃燒
研磨棒

使用方法

使用研磨棒時，最好先在缽底鋪放止滑用的濕抹布及矽膠墊。

清洗方式

以棕刷沿著缽內的刻紋刷洗。研磨棒也是順著木紋刷洗。兩者都要充分去水氣，保持乾燥。

世界各地的不同研磨缽

傳入日本禪寺的研磨缽，被應用在素食料理、細磨芝麻、豆腐白芝麻拌蔬菜（白あえ）、芋泥淋白飯（とろろごはん）等現代人也熟悉的日式料理。日本的研磨缽僅外側上釉，內側加上刻紋，再以研磨棒搗碎食材。

如搗碎月桂皮、肉桂皮及紅辣椒等的木缽。須先搗碎食材，再加汁液調成糊狀或醬汁時，會使用玻璃缽或陶瓷缽。另外，印度料理中不可或缺的少量香料時，就將佐料藥草及調味料，放入石缽或咖哩粉引陶器（傳入日本的朝鮮特有燒製技術）中研磨也很方便。

手動榨汁器

有益健康的新鮮果汁

榨汁器的功能是「不要柑橘類的纖維組織及種籽，只榨出果汁」。形狀不一，可大致區分為兩大類，一是將水果的對切面，置於溝紋狀半圓部分來回旋轉榨汁，二是以圓筒狀器具壓在對切面上鑽出汁液。

大家孰悉的瓷製榨汁器，屬於第一類，散發設計魅力的木質榨汁棒，是第二類。另外，電動榨汁機也日益普及。

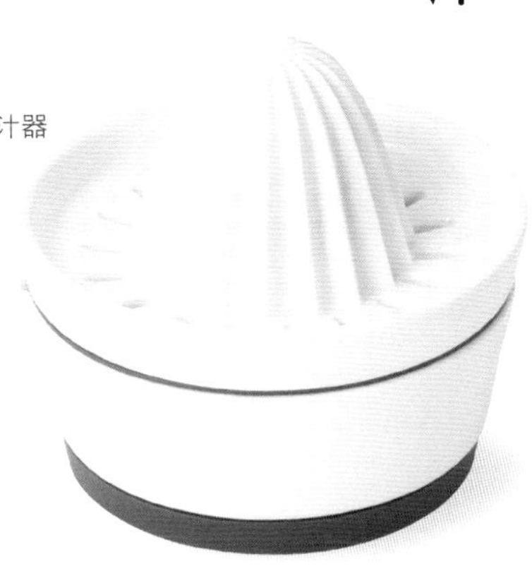

KINTO
檸檬榨汁器

木質檸檬榨汁棒

壓蒜器

輕鬆添加大蒜香

通稱壓蒜器的小道具，其實也分成連同大蒜纖維一併壓碎的蒜末，以及只榨取蒜汁兩種。如果是要做義大利麵或蒜香奶油，就用蒜末，口感滑順的醬汁或裝飾則用蒜汁，依想要呈現的料理風味做選擇。

當殘渣塞住壓蒜器的小孔時，以較硬的刷子從外側用力插入，就能清理乾淨。

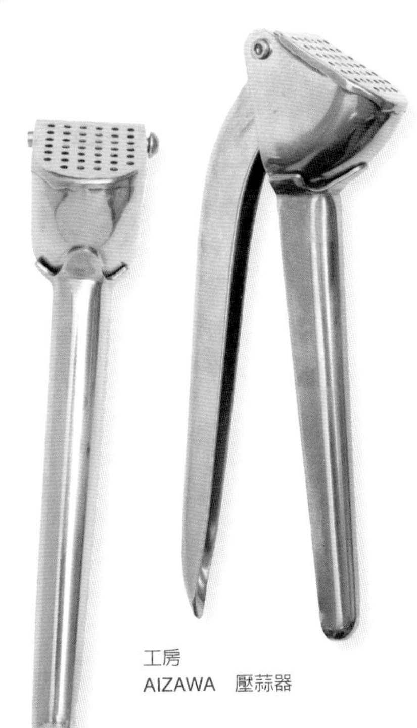

工房
AIZAWA　壓蒜器

馬鈴薯壓碎器

烹調中也能快速壓碎

顧名思義是用來壓碎煮熟馬鈴薯的小道具。也有稱為ricer的工具，主要在美國使用，鏟面上有小圓孔，可將煮過的馬鈴薯或胡蘿蔔等壓成米粒狀。不管是哪一種，都能當濾篩使用。

鏟匙狀的壓碎器，最大的優點莫過於可在烹煮中的鍋內快速壓碎食物。比其他款的壓碎器便宜、好清理且壽命長。

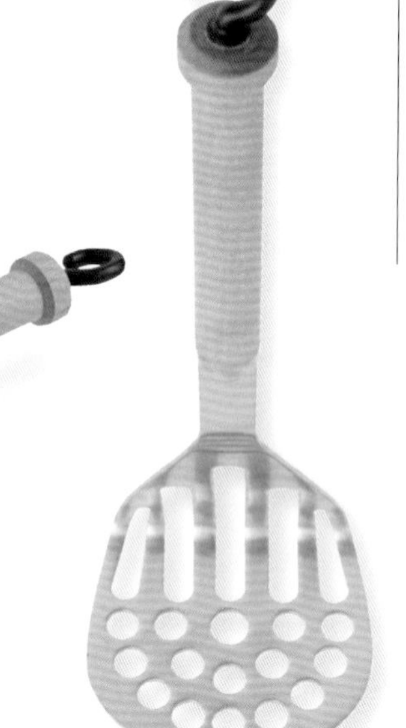

工房　AIZAWA
馬鈴薯系列壓碎鏟

濾網

不鏽鋼錐型濾網

從舌間溜過的滑順觸感

這裡的「過濾」是指濾掉液體中不純的物質。細孔的濾網，連纖維都能一併過濾，呈現細緻、均勻狀態。

濾網是日式料理及甜點製作上的必備道具，有馬毛、不鏽鋼、尼龍、絲及籐等材質。

西式料理中，有一種稱為chinois的錐型濾網。它可以放入與錐型底部相合的湯杓內，上下晃動過濾。

濾網的使用訣竅

不管是哪一種濾網，使用時要斜放，即從自己望過去的網孔不是十字型，而呈×型。斜放可以避免卡在角落，盡速過濾。

碾磨器

現磨現用的奢侈享受

將粒狀物細化成粉末狀的動作稱為「碾磨」。常見的咖啡豆碾磨機與胡椒碾磨器等，正是在追求現磨的香氣與風味。另外還有香料、穀物及堅果等專用碾磨器。

源自石臼構造的碾磨器具，在飛鳥時期，朝廷利用它將繪畫顏料及藥品磨成粉。鎌倉末期以後，飲茶習慣在武家之間傳開，為研磨當時主流的抹茶，開始廣泛使用碾磨器。

現在市面上有販售家庭用的簡便小石臼。

Peugeot公司的刀刃附永久保證。狀況不佳時可送去維修。Ⓓ

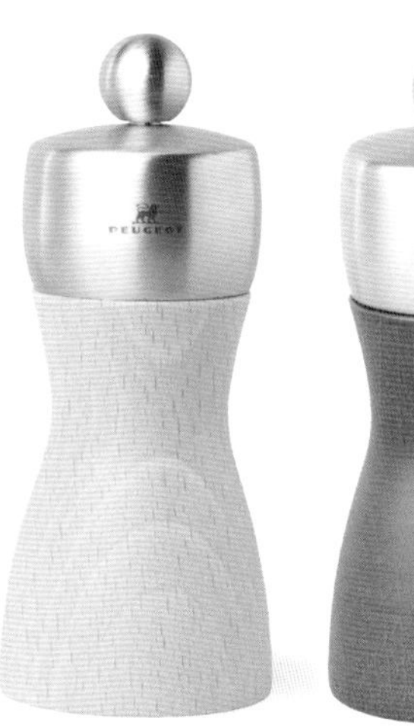

Peugeot
Fidji　胡椒碾磨器

Peugeot
Fidji　鹽巴碾磨器

胡椒碾磨器＆鹽巴碾磨器

擺在餐桌上的碾磨器，就挑自己中意的設計。胡椒和鹽巴的刀刃不同，不要搞混了。

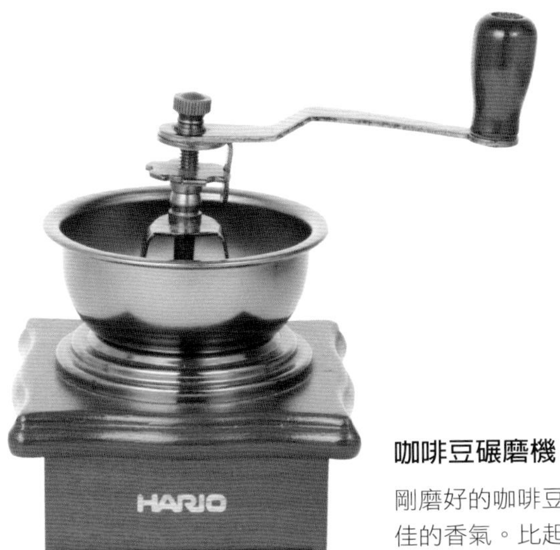

咖啡豆碾磨機

剛磨好的咖啡豆，有著絕佳的香氣。比起電動式，手動式不會產生熱，更能磨出豆香。

HARIO
咖啡豆碾磨機　基本款

量杯、量匙

看食譜做菜若少了計量器會很困擾

烹調，尤其是製作蛋糕及麵包，「正確秤量」是必要步驟。所以經常會用到量杯、量匙、磅秤、溫度計及計時器等計量器具。

古時會利用枡（木製方形容器）或小酒杯做測量。明治中期設計出現在使用的計量規格，並開始流通。一直以來都是「邊習藝邊偷學」的日本料理，進入量化階段，任何人都能按表操課、調味的食譜陸續出版。

PYREX
量杯

量杯

耐熱玻璃的量杯，使用方便。容易確認內容物，即使倒入熱高湯也不必擔心。

量匙

不鏽鋼製，容易保持衛生且耐用。請選購握起來順手的款式。

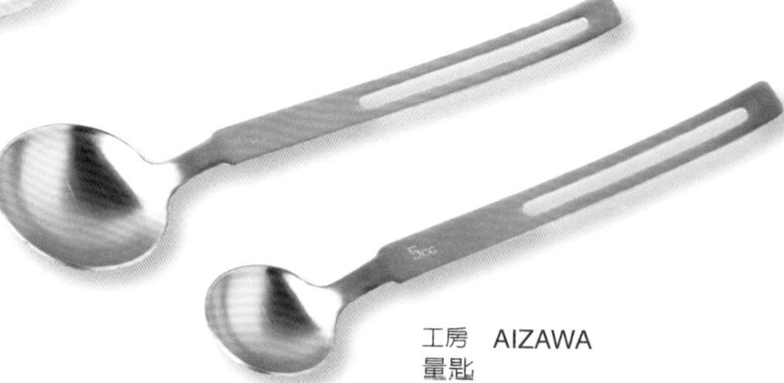

工房　AIZAWA
量匙

可從側面看見刻度

於平坦處測量液體時，可從側面看見刻度的設計會更實用。有不鏽鋼製及塑膠製等。PYREX公司製造的量杯，優點是可盛裝熱水或放入洗碗機，隔水加熱或放進烤箱也ＯＫ。

以克為單位的好用數位磅秤

料理的「料」結合米與斗。斗是日本以前的度量基準尺貫法中的容積單位，或許正說明了秤量對料理的重要性。

秤重工具有天平及彈簧式磅秤兩種。一般家庭料理，都是少數幾人份，不必用到太強大的計量功能。可收入抽屜、以數字顯示的磅秤就夠用了。最近出現不鏽鋼材質、可立起收放，洋溢現代風的磅秤。

DRETEC
電子磅秤

調味料的重量與熱量對照表

	1小匙（5mℓ）		1大匙（15mℓ）		1量杯（200mℓ）	
	重量（g）	熱量（kcal）	重量（g）	熱量（kcal）	重量（g）	熱量（kcal）
醬油	6	4	18	13	230	163
味醂	6	14	18	43	230	554
味噌	6	12	18	35	230	442
精鹽	6	0	18	0	240	0
上白糖	3	12	9	35	130	499
胡椒	2	7	6	22	100	371
蕃茄醬	5	6	15	18	230	274
英國黑醋（或譯伍斯特醬）	6	7	18	21	240	281
美奶滋	4	27	12	80	190	1273
油	4	37	12	111	180	1658
奶油	4	30	12	89	180	1341

可用雀躍心情完成前置作業的器具

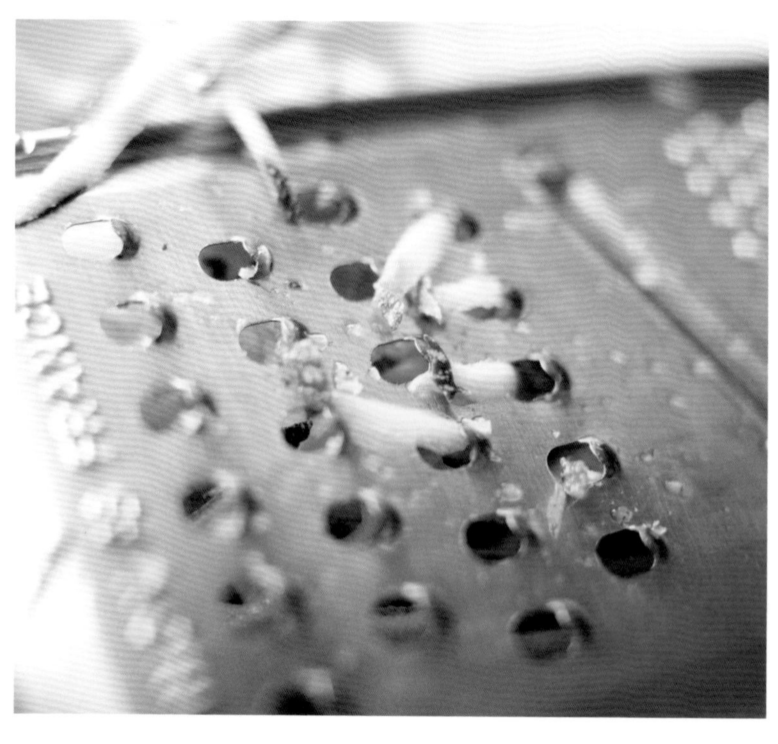

前置作業是指開始烹煮之前的準備工作，可稱是料理的基礎。

包括削切食材、調配佐料、醃漬抓粉，或是水煮備用等等。就這層意義來看，廚刀或是微波爐也可視為前置作業器具。

書中所列舉的前置作業器具，是配合各種用途做介紹，並非人人都必須持有。

例如，若手邊沒有馬鈴薯壓碎器，可以用研磨棒代替。少了壓蒜器，用廚刀切碎或許效果也不錯。找不到削皮器時，就用蔬果刀代勞。

只是，每一種器具若能各司其職，除了可以用得比較久，效果也更到位。馬鈴薯壓碎器壓出的薯泥，就是有種特別的鬆軟口感。壓蒜器可快速均勻地壓出蒜末，不必讓砧板沾附蒜味。以削皮器薄度削成的食材，味道時而令人驚艷。研磨缽搗出的炒芝麻風味、現磨的胡椒香氣，也絕非市售商品所能比擬。

處理什麼料理、使用頻率有多高、是否非有不可，考量這些因素，再配合自己的做菜風格，選擇合用的器具。

如果一邊進行前置作業，一邊想著「啊，真是麻煩！」做出的料理也不會好吃。試著找找能夠發揮廚房幫手功能的器具，一同挑戰新菜單。

清潔器具

海綿刷・棕刷・清潔劑等

海綿刷

LA BASE
海綿刷

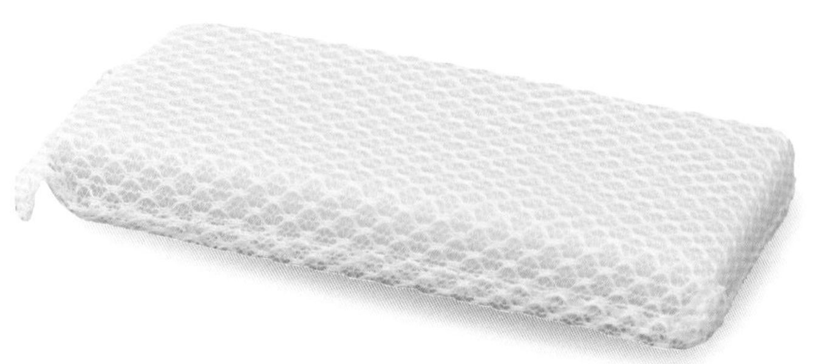

聚氨酯海綿刷

扎實有彈性。少許清潔劑即可產生許多泡泡。

木漿海綿刷

觸感輕柔，且薄到摺起來使用也很方便。

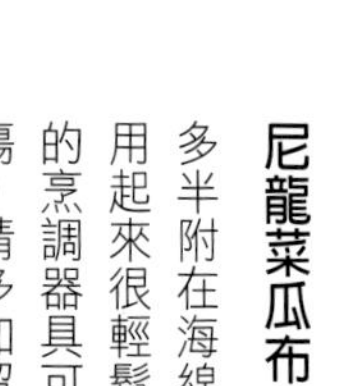

尼龍菜瓜布

多半附在海綿背後。使用起來很輕鬆。不過有的烹調器具可能會被刮傷，請多加留意。

自己動手做菜瓜布

明治末期，庭園一角栽種著可用來做掃帚的掃帚草及絲瓜。絲瓜收成後，泡到木桶或溝槽內腐爛，殘留的纖維再以漂白粉漂白。

現在的做法是切成適當大小後，放入大鍋中煮約20分鐘，直到果肉軟化。再邊沖水邊剝除皮及種籽，乾燥後即可使用。也可再漂白。

不管是什麼烹調器具，使用後最起碼都要做好清洗→擦拭→充分乾燥→收納的基本工作。木

圓矮桌出現後才開始清洗餐具

有別於一打開水龍頭便有水可用的今日，在以水桶蓄水使用的年代，日本人是在稱為「銘銘膳」的個人小桌子吃飯。用餐完畢，用熱水將餐具沖一沖後喝下，擦乾再放回自己的箱膳中。

從明治跨入大正時期，開始改用圓矮桌，每次用完餐，統一將所有人的餐具收去清洗。明治末期的文獻中，便有記載棕刷、菜瓜布、海綿、竹刷等清洗物品的工具。當時的菜瓜布，從外表看來，似乎就是海綿刷的原型。

棕刷

高田耕造商店
柔軟棕櫚刷
小

高田耕造商店
柔軟棕櫚刷
特小

高田耕造商店
柔軟棕櫚刷
圓形

從古至今都沒改變的小道具

最早的棕刷是各戶人家將繩子綁成球形，或束起稻桿做成的。和海棉刷一樣，隨著水龍頭的普及而廣為流傳。當明治41年申請實用新案（一種專利權）、至今還買得到的烏龜棕刷率先上市後，各種形式及材質的刷具便紛紛冒出，包括金屬及尼龍製品，但傳統的棕刷仍屹立不搖，未被淘汰。

順道一提，日文的棕刷たわし（tawasi）漢字寫成「束子」。有一說たわし是由たばし轉過來的，也有人認為是混合手俵（てわら・たわら）及俵（たわら，稻桿製成的袋子）而成。

高田耕造商店的棕櫚刷雖是純日本製，但一顆也要3000日圓！據說製作一顆棕櫚刷至少就得用掉三條棕櫚樹皮。棕刷也是一個愈用愈令人愛不釋手的小道具。㊎

清理方式

水洗，去除汙垢及殘渣後，日曬乾燥。若仍留有汙垢，可在乾燥後，與其他棕刷相互摩擦去除。

推薦棕櫚材質

棕刷的材料有棕櫚樹皮、椰子及化學纖維等。看起來硬邦邦的，其實不然。棕櫚刷耐水、纖維本身可吸附髒汙的、結實、可適度彎曲、有柔軟型及稍硬型可供選擇等一堆優點。難怪會有這麼多的愛用者。

竹刷

中式炒鍋的最佳拍檔

竹刷是將竹子或細木條綁成一束，上半部當成握把，下半部按住清理面刷洗。常用來刷除鍋子的焦垢及其他髒汙，清理中華炒鍋尤其方便。纖維會越用越細且變軟。

高田耕造商店
竹刷

高田耕造商店
柔軟棕櫚刷
角落清潔刷

毛刷

毛刷本身也要保持清潔

植入豬毛、馬毛、纖維、鋼絲、合成樹脂等材質的棒狀清潔道具，統稱毛刷。刷子的材質依用途而異，例如牙刷、梳子、化妝刷。此外就是在廚房中清洗餐具、瓶子及根莖類蔬菜的泥垢的毛刷等。功能和棕刷差不多。毛刷在刷掉汙垢及灰塵的同時，也容易沾附黴菌。所以至少每週一次，要用消毒液或稀釋的家庭用漂白劑等清理。

MARNA
The Kitchen
瓶口刷

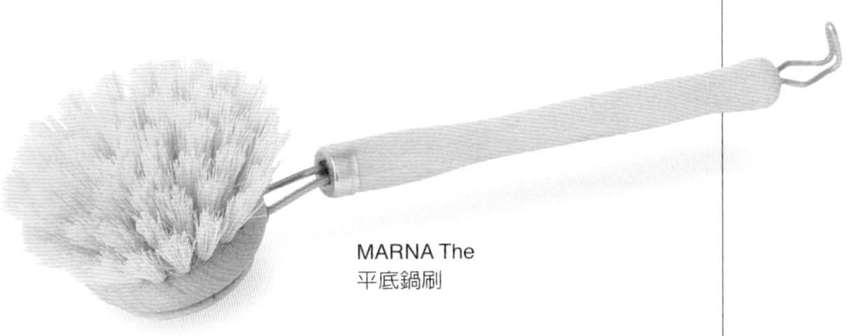

MARNA The
平底鍋刷

刮刀

節省清潔劑及水的環保工具

刮刀形似鍋鏟的鏟面。它的用途是刮除平底鍋、湯鍋或餐具等清洗前的汙垢，或是刮去砧板上的水氣。若直接用海綿刷清洗黏在鍋上的咖哩或燉汁，會使海綿沾上顏色。先用刮刀刮一刮，不僅省水，甚至不必再使用清潔劑，很環保。

將料理從鍋中移至盛裝器皿，或是舀取製作甜點的鮮奶油時，刮刀都是便利的小道具。

材質有塑膠及矽膠等，具耐熱性的商品較實用。

MATFER
耐熱刮刀

橡膠手套

可愛的顏色和款式讓洗滌工作變愉快

打掃、洗衣、洗碗等家事，免不了會用到清潔劑。為保護手部肌膚，尤其對敏感性肌膚的女性來說，橡膠手套更是不能少。

正因為每天要用，所以把標準提高，要選擇不會太厚也不會太薄、軟硬適中、手不會沾上橡皮味，尺寸又合的商品。價格大部分都不高，可多試多比較，找到一雙最適合自己的。

MARRTGOLD
橡膠手套

橡膠手套的尺寸依國產、進口、製造商而有所區別。有的製造商會標示各種尺寸，但即使同是S尺寸，大小仍稍有差異，請向店員詢問清楚。Ⓚ

魔術海綿

質地細密的砂紙？魔術海綿仍應留意使用方法

1999年誕生了一款「不需要清潔劑，用水就能除去汙垢的魔術海綿」。女性雜誌競相報導，掀起話題。

魔術海綿的材質稱為蜜胺泡棉（Melamine foam，或稱三聚氰胺泡棉），是三聚氰胺樹脂以微米為單位發泡的高硬度絲網結構。極其細密的網孔，可將頑固的汙垢清除掉。

摸起來的感覺雖然像海綿，實際上是像砂紙一樣的工具，若事先未留意清洗物的材質，有時會留下細小刮痕。

裁切成適當大小

可將魔術海綿切成像大塊橡皮擦的尺寸後再使用。

鋼刷

仔細確認好洗滌物的材質後再動手

對付頑強汙垢的最後法寶就是鋼刷了。研磨強度出類拔萃，說到底就是「刮」。由於某些材質會被刮傷會導致塗層剝落，反倒成為藏汙納垢的原因，還是要配合材質使用。

鐵鍋的頑強汙垢

鐵鍋可用鋼刷刷洗。其他材質可能會刮傷，請小心使用。

清潔劑的特性

針對汙垢選擇清潔劑

明治時代將肥皂水及碳酸鈉當成清潔劑。在這之前是利用食鹽、醋、草木灰及木炭等。油汙則用鹼水、米糠及生薑清理。全都是生活中唾手可得的材料，祖先的智慧令人驚嘆。

到了1960年，全球掀起液狀清潔劑熱潮，日本人的生活型態，也受到影響而改變。

廚房主要的髒汙是油、焦垢、水垢和黏垢等。在市面充斥大量清潔劑的今天，須針對汙垢種類及清洗物的材質，靈活運用。

合成清潔劑

家家戶戶都有的合成清潔劑

合成清潔劑是指將石油或油脂原料，以化學方法合成的清潔劑，也稱為中性清潔劑。日本在1959年開始販售廚房合成清潔劑。不只餐具，也曾用來清洗蔬果，目的在驅除蛔蟲。

含氯漂白水

詳讀強大氧化力及除菌力的注意事項

含氯漂白水，主要的成分為次氯酸鈉。用於餐具、抹布及砧板等的漂白及除菌。是常見標有「混用危險」的商品，如果和酸性洗淨劑、醋、酒精等混合，會生成氯氣。

清潔劑

添加研磨劑可有效對付頑強汙垢

以碳酸鈣為主的研磨砂混合肥皂洗淨成分，於大正時期上市，昭和中期成為廚房必需品。因為含研磨劑，可清除水垢、油汙及焦垢。有粉末及液狀兩種。清潔劑的英文是cleanser，日文直接音譯沿用。

小蘇打與醋

對身體無害的天然素材

小蘇打的成分是碳酸氫鈉，常作為食品添加物，所以是安全的。可中和酸性汙垢。用來清除茶垢、輕微油汙、焦垢，或是消除砧板異味等。

醋或檸檬酸能有效對付鹼性汙垢，發揮去除水垢、殺菌、除臭等作用。在小蘇打中加入大約1匙的醋，雙效合一，效果更大。

這些小物也能讓廚房亮晶晶

碎蛋殼當研磨劑

瓦斯爐變得很髒時，可將蛋殼壓碎，用海綿沾上擦洗。

啤酒去油汙

啤酒中的酒精及維他命E可分解油汙。廚房紙巾沾啤酒，再以保鮮膜包覆，效果更好。

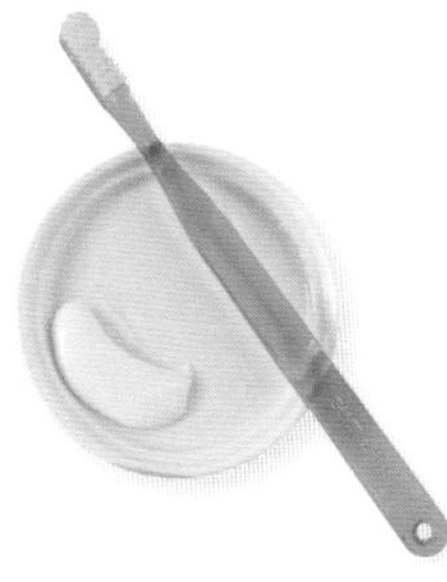

牙粉新功能

附著在水槽四周的水漬汙垢，可以用牙粉有效清除。布或刷子沾上牙粉，來回磨擦。

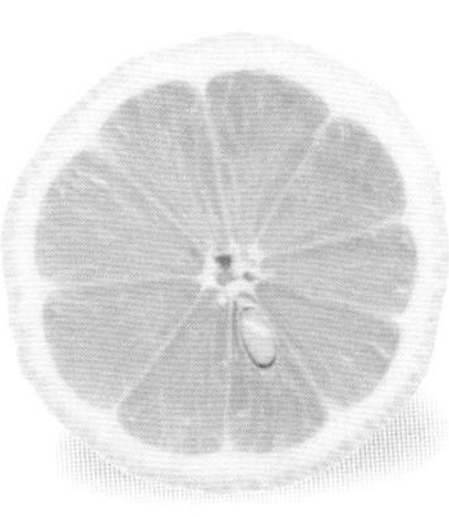

檸檬擦亮玻璃杯

檸檬可將暗沉無光澤的玻璃杯擦得透亮。擦完後再用水沖洗。

考量收納空間，讓廚房變得愉悅又舒適

器具愛好者的煩惱應該來自收納吧？尤其是當今日本廚房的空間，多半都不大。不如就在能夠愉快、舒適收納上多下點功夫。

經常可以在女性雜誌上，看到「廚房收納」這類的特別報導。使用百圓商品，巧妙運用櫥櫃空間是一個辦法，而頻繁使用的器具，索性以「直接可以看到」的方式收納，又是另一種邏輯。有沒有好不容易下定決心購買，結果卻沒在用的重鍋子？何不試著把它放在視線可及的地方。若器具用舊了有點介意，可以蓋上圖案美麗的亞麻布。

有沒有類似平底鍋、鏟子、抹布、廚房紙巾等，可以「掛起來」收放的器具呢？重新檢視手邊器具也是一件有趣的事。

選購器具時，一定要先想好「要收在哪裡」，可以放進那個櫃子的裡面嗎？抽屜的深度夠不夠呢？

挑選廚房器具時，若能事先確認好收納空間的尺寸，就會變得順利。

店家及商品資訊

感謝合作店家

Dr.Goods

和喜愛的設計相遇

實用性、功能性，以及比什麼都重要的設計感，要說這裡有來自世界各地的烹調器具並不誇張。連陳列展示也散發著時尚、洗練的氛圍，從這頭逛到那頭，時間一下子就過去了。
這次受訪的是山崎博之先生。

「店裡陳列道具的概念，第一是景色。擺上去看來沒特色的，就不陳列了。因為是天天都要用的道具，外觀一定要好看才行。第二才是功能。第三是CP值。也就是商品的材質是否與售價相稱。」

http://www.dr-goods.com/
〒111-0035 東京都台東区西淺草1-4-8

Kitchen World TDI

聚集許多熱門的廚用器具

店名TDI 是Direct Import Center的簡稱。由於是平行輸入，所以能以便宜的價格，買到品牌商品。店內從專家級的基本經典款到流行商品、從大到小，所有商品緊挨著陳列。
這次受訪的是藤崎義人先生。

「如果問我新嫁娘該準備哪些烹調器具呢？我的回答會是：
◎平底鍋大×1 小×1
◎雪平鍋×1
◎雙耳琺瑯鍋×1
此外，還需要砧板、長筷、圓湯杓吧？如果有計時器及計量器也很方便。其他用品，就請小兩口邊想想邊愉快選購。」

http://www.kwtdi.com/
〒111-0036 東京都台東区松が谷1-9-12 SPK大樓1F

日本橋木屋

這裡的刀具一應俱全

創立於1792年的日本橋老鋪。不管是西式廚刀、日式廚刀、特殊廚刀、維修品及手工打造刀具，這裡幾乎都能買到。其他還有指甲刀、拔毛器等生活小物，以及廚用剪刀與木目立（在厚金屬板上鑽鑿的技法）純銅磨泥器等料理器具，以及品質良好的砧板與研磨缽等。
這次受訪的是石田克由先生。

「來到店裡，有任何問題或不懂的地方，都可以提出來。商品從低價到高價都有。希望客人能真心接受後再購買。維修部分也能充分提供服務。」

http://www.kiya-hamono.co.jp/
〒103-0022 東京都中央区日本橋室町2-2-1コレド室町1F

釜淺商店

找到一輩子使用的器具

創立於明治41年，原寶號是熊澤鑄物店，後更名為釜淺商店經營至今。比起便利的廚用器具，店內更多的是越用越上手、可用得長長久久的料理道具。店家的經營理念是——料理道具是良理道具，好道具藏有良理（道理）存在。
這次受訪的是百合岡實希小姐。

「當客人來店裡買東西時，我們不會只介紹一種商品，希望客人能處在有選擇的狀態下。只有在和其他道具做過比較，才能了解購買的道具有什麼樣的優點。雖然是網路年代，請大家務必來店親自用自己的手選購，認識受日本職人的技術。」

http://kama-asa.co.jp/
〒111-0036 東京都台東区松が谷2-24-1

F 平底鍋俱樂部
用料理帶給人們幸福的小幫手

專售料理器具的網路商店。在愛知縣豐橋市有開設名為「TAKATSU」的店鋪。網頁上仔細介紹每一樣器具，包括使用感及清潔保養等。光是上網瀏覽，就是一種享受。

http://www.furaipan.com/
〒440-0881愛知縣豐橋市広小路3-54-1
感謝提供：
p.26 神田烤魚神器カンダ き上手（烤魚器）
p.52 TOYAMA龜印文化鍋
p.132 專業磨泥器 II

Z ZAKKA WORKS
豐富生活的提案

批發進口日用雜貨及飯店用品的業者。販售品質優質良的歐洲廚房用品。不只設計的趣味，也提供對日常生活有幫助的使用方法，以及維持器具功能的清潔保養方式等。這次受訪的是竹政淑惠小姐。

http://www. zakkaworks.com/

S SIGNA
引進清新、洗練的器具

以德國、丹麥為中心，販售歐洲廚用品及生活用具。聚集了講究設計及質感、散發清新氣息的雜貨。每一樣器具均提供仔細說明。

http://www.signa.co.jp/
0422-28-7110
〒180-0004東京都武藏野市吉祥寺本町2-28-3 1F

R Roundabout
凝視日用品的「新風貌」

1999年，由代表人小林和人在吉祥寺創立的日用品店。除廚房用品外，並以獨到的眼光挑選衣服及文具等。店內陳設符合用途的各種造型、材質與質感的日用品。

http://roundabout.to/
〒180-0003　東京都武蔵野市吉祥寺南町1-6-7-2F
感謝提供：
p.10 turk公司的平底鍋

p.60 **吉田風中式家庭料理「jeeten」**
吉田勝彥先生
03-3469-9333
〒151-0066 東京都渋谷 西原3-2-3

p.88 童話作家、蔬菜推廣作家　真木文絵小姐

p.100 甜點&食物搭配師　鈴木雅惠小姐

p.112, 128 料理研究家　堤人美小姐

p.18 **TALK BACK Galopim**
柴田強先生
http://www.talkback.jp/
〒180-0004 東京都武藏野市吉祥寺本町2-24-6

p.30, 80 **たべごと屋のらぼう**
明峯牧夫先生
03-3395-7251
〒167-0042 東京都杉並区西荻北4-3-5

1132DL
Diamond's Best 32、36cm
雙柄中華鍋

1132-1DL
Diamond's Best 32cm
單柄中華鍋

124LCL
Logic 24cm
造型深鍋

另有造型淺鍋
(824LCL)

1728DL
Diamond's Best 28cm
平底鍋

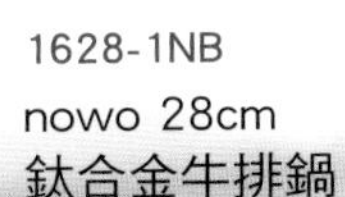

1628-1NB
nowo 28cm
鈦合金牛排鍋

高科技與精湛工藝的結晶

諾伯特．沃爾（Norber Woll GmbH）秉持專業與理想製造高品質、獨一無二烹飪效果的完美不沾鍋具，堅持百分之百「德國製造」及手工鑄造，向來以製作嚴謹、質感堅實、性能優越著稱。

因此，WOLL 手工鑄造的每一個產品，用戶將可以享用多年。這就是為什麼WOLL 享有來自世界40餘先進國家使用者的肯定與讚賞。

除了依恃產品優異品質與產能，世界各地緊密合作的代理商，提供客戶良好、專業、熱情、信守承諾的服務，都是團隊成功行銷全球，引以自豪的一點。

DESIGNPREIS
NOMINEE

獨家獲得國際最頂尖3大設計獎：
□ reddot design 和 □ iF 產品設計獎 。
□ 德國官方認證 卓越設計獎。

台灣總代理：掌廚鍋具 ◎服務專線：(02)2591-3082

人類智庫 1979年2月22日 創立

作　　者	主婦の友社
翻　　譯	瞿中蓮
資深主編	陳亮君
執行編輯	劉亭均、王若凡
協力編輯	郭玉平
日文校潤	楊毓瑩
美術設計	林夢婷
發 行 人	桂台華
投資出版	人類智庫數位科技股份有限公司
發行代理	人類文化事業股份有限公司
公司電話	(02)8667-2555（代表號）
公司傳真	(02)2218-7222（代表號）
公司地址	新北市新店區民權路115號5樓
人類智庫網	http://www.humanbooks.com.tw
劃撥帳號	01649498　戶名：人類文化事業有限公司
書店經銷	聯合發行股份有限公司
製版印刷	威鯨科技有限公司／群鋒企業有限公司

協力者

製作／regia

攝影／本田犬友、小長井ゆう子、石倉ヒロユキ